Titolo: VIRUS ALIENO

Autore: Claudio Viacava

ISBN: 9798809888127

Editing, Revisione, Copertina e Composizione grafica: Dea

con la supervisione di Raffaella Vignoli

Copyright © Madaat

La riproduzione parziale del testo è consentita a patto di citare il nome degli autori e la fonte.
Nell'eventualità che testi o illustrazioni altrui siano riprodotti in questa pubblicazione, l'autore è a disposizione degli aventi diritto che non si siano potuti reperire e porrà rimedio, dietro segnalazione, ad eventuali non volute omissioni e/o errori dei relativi riferimenti.

© Edizioni Madaat

Tutti i Diritti Riservati

Prima Edizione: 25 maggio 2022

info@kabbaland.com

Claudio Viacava

VIRUS ALIENO

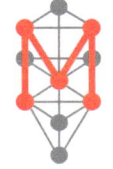

I NOSTRI AMICI VIRUS

I nostri Amici Virus

Premessa: questa mia ricerca vuol essere soprattutto una profonda e circostanziata riflessione che coinvolge due scienze, all'apparenza lontane: la Metafisica e la Biologia. Utilizzando metodiche ed approcci diversi vorrei descrivere una mia particolare visione circa i virus in genere e principalmente il famigerato SARS-CoV-2 che ha causato la patologia Covid19 (Corona Virus disease).

Questa mia particolare visione la considero valida anche se questo virus SARS CoC2 risultasse essere frutto di una complicatissima "manipolazione" a scopo di ricerca eseguita in Cina a Wuhan, come molti virologi vociferano da tempo. Personalmente spero e credo che se questi virus fossero sfuggiti realmente non fosse stato fatto con intenzioni malevoli, criminali o politiche. Lo spillover con salto di specie animale-uomo potrebbe, del resto, essere stato compiuto per cause accidentali da un virus del pipistrello sperimentalmente adattato a crescere in vitro in laboratori "blindati" e sicuri. Dimentichiamo, ora, queste sterili polemiche ed addentriamoci in questo mondo straordinario. Per questa mia ricerca non utilizzerò costosissimi microscopi atomici o altre diavolerie futuristiche per scoprire, nel "micro cosmo" cellulare, qualche elemento che possa aiutare ad individuare la vera causa visibile, misurabile e ponderabile e che possa magari meglio giustificare l'estrema virulenza di una nano-particella "non vivente" come il nostro Sars CoV2.

Non è una ricerca destinata a scoprire qualche elemento o prodotto farmacologico per "uccidere" e debellare per sempre questo nano-frammento di codice genetico non vivente che entra, con estrema facilità, nel nostro corpo. Vorrei dare una risposta ai tanti dubbi su come riesca, questa nanoparticella, a trasferirsi così rapidamente da oriente ad

Premessa

occidente, in una manciata di giorni, "infettando" pesantemente milioni di persone in poco tempo; persino il vecchietto che vive in una fattoria in mezzo alle montagne, lontano dagli schiamazzi e la mescolanza di persone delle grandi città. Rifiuto di credere che possa essere solo la gocciolina di saliva che viene sparsa qualche spanna intorno a noi, quando si starnuta o si tossisce. Del resto questo è un problema che sarà chiaro fra un po' di anni quando le menti saranno aperte. Per ora mi avvalgo della Metafisica, Scienza sottile che si collega in realtà a tutte le Scienze classiche, da quella Medica a quella Psicologica fino a quella Antropologica.

Spiego, a chi non la conoscesse bene, di cosa si tratta.

La **Metafisica** è quella parte delle scienze filosofiche che, andando oltre gli elementi contingenti dell'esperienza sensibile, si occupa degli aspetti più autentici e fondamentali della realtà, secondo la prospettiva più ampia e universale possibile.

Essa mira allo studio degli enti "in quanto tali" nella loro interezza, a differenza delle scienze particolari che, generalmente, si occupano delle loro singole determinazioni empiriche, secondo punti di vista e metodologie specifiche. Nel tentativo di superare gli elementi instabili, mutevoli, e accidentali dei fenomeni, la Metafisica concentra la propria attenzione su ciò che considera "**eterno, stabile, necessario, assoluto**", per cercare di **cogliere le strutture fondamentali dell'essere**. In quest'ottica, i rapporti tra Metafisica e Ontologia sono molto stretti tanto che, sin dall'antichità, si è soliti racchiudere il senso della Metafisica nell'incessante ricerca di una risposta alle domande più misteriose, del perché dell'esistenza ed il perché della sofferenza. Nell'ambito della ricerca Metafisica appartengono problemi quali la questione dell'esistenza di un Dio, dell'immortalità dell'anima, **dell'origine e il senso del cosmo, del perché della malattia e della sofferenza** nonché la questione dell'eventuale relazione fra la trascendenza dell'Essere e l'immanenza degli enti materiali.

Sin dalle origini la metafisica è stata sostanzialmente identificata con l'"**Episteme**", termine greco che oggi traduciamo con **Scienza**. Per Platone la Metafisica riguardava un tipo di **riflessione umana che precede la speculazione scientifica** stessa,

Premessa

tenendo egli in scarsa considerazione la **ricerca materiale in quanto "volgare"** e inessenziale, mirando piuttosto a cercare di vedere il senso dell'invisibile.

La **Metafisica, quindi, nasceva come pretesa di fondamento "scientifico"** di tutte le scienze particolari. Anche Aristotele, nel suo itinerario filosofico, andò sempre più rivalutando il ruolo della **Metafisica**, attribuendole (kantianamente) **una funzione di stimolo al progresso della scienza stessa**.

Tutte le teorie scientifiche e non, partono, secondo il filosofo austriaco Popper, da **assunti metafisici**: non scaturiscono cioè da procedimenti induttivi originati dalla sperimentazione della realtà, **ma nascono da processi mentali intuitivi espressi in forma deduttiva**. Il controllo empirico (es: laboratorio), che per Popper resta comunque fondamentale, ha valore non in quanto conferma la teoria, ma viceversa per la possibilità di smentirla. La sperimentazione meccanicista svolge dunque una funzione importante, ma unicamente negativa: non costruisce, bensì demolisce.

Il compito di costruire è affidato invece al pensiero, all'immaginazione, ovvero alla metafisica. Popper giunse a queste conclusioni soprattutto dopo essere stato impressionato dalla formulazione della teoria della relatività da parte di **Albert Einstein**: egli l'aveva elaborata **non a seguito di esperimenti** pratici e scientifici, ma sulla base di calcoli fatti unicamente a tavolino, dando corpo alla sua immaginazione e creatività; calcoli che, **successivamente, non furono smentiti dagli eventi.**

Per questo, nella mia ricerca non troverete dati calcolati, pesati e misurati ma solo analisi provenienti dalle mie osservazioni metafisiche che, sono certo, fra qualche anno porteranno a scoperte inaspettate.

Cosa accade se possediamo un computer o un telefono cellulare o strumentazioni elettroniche che non hanno mai avuto **aggiornamenti dal costruttore**? Possiamo affermare che funzionino al meglio? Che sono pronte ad interfacciarsi con le più recenti e nuove applicazioni (APP) o con strumentazioni di recente costruzione e tecnologia? Non penso proprio, ecco perché il costruttore ha pronte, con una certa cadenza, una serie di aggiornamenti del sistema e delle applicazioni presenti.

Bene, fin qui siamo tutti d'accordo.

Ora sappiamo benissimo di essere noi stessi dei sistemi ben organizzati, proprio come sofisticati hardware e software di un biocomputer in cui tutto è collegato con il tutto. Per avere sufficiente energia che lo faccia funzionare possediamo cellule dotate di particolari organuli che funzionano esattamente come delle micro-centrali elettriche.

All'interno delle cellule abbiamo, inoltre, un nucleo superprotetto in cui si custodisce il bene più prezioso e sacro, qualcosa di imperdibile ed unico: il nostro **codice genetico**. Se questo si distrugge o si altera sappiate che la specie umana potrebbe scomparire per sempre, ecco perché il nostro DNA/RNA è protetto da due barriere e membrane molto ben costruite. La membrana cellulare e quella nucleare. Amo definire il nucleo cellulare come il nostro "**sancta sanctorum**", in cui il "**sacro**" ha la sua sede ed attraverso il codice genetico scandisce la vita e l'organizzazione dell'essere umano.

Chi ha studiato biologia, dovrebbe avere una certa familiarità con i **mitocondri**, presenti e distribuiti in tutte le cellule, questi sono organelli vengono indicati anche come la **centrale elettrica della cellula**. I mitocondri, in biochimica sono spesso paragonati alle tradizionali batterie AA, con ciascun organello che funziona come una singola unità. Recenti studi suggeriscono che i **mitocondri sono più simili ai pacchi-batteria** all'avanguardia come quelli nell'autovettura Tesla ed ogni piega, all'interno dei mitocondri, fornisce energia in modo indipendente; e questo è la sua peculiarità.

Il motivo per cui la Tesla è diventata un nome così importante nel settore delle auto elettriche e nell'accumulo di energia è perché i suoi sistemi di batterie sono in grado di accumulare molta energia in un piccolo spazio, garantendo al contempo che il guasto di una sezione non blocchi l'intero impianto energetico.

Ecco perché mi piace immaginare la cellula come una piccola macchina elettromagnetica che deve attivarsi per rendere il sistema molto simile a quello dei computer che devono comunicare con il sistema interno e con i sistemi esterni, altre persone, altri animali o vegetali e la natura tutta. Infatti ogni cosa, intorno a noi, riceve ed emette energia, tutto oscilla e tutto comunica col tutto.

Premessa

Pensiamo, ora, come si fa ad aggiornare l'essere vivente visto che deve evolvere, deve imparare ed essere pronto ad affrontare i prossimi secoli a venire? Il corpo è un insieme di cellule viventi cioè piccole centrali di comunicazione con codici genetici che dettano i tempi ed i modi del funzionamento di tutto l'organismo.

Nel DNA/RNA vi è scritto tutto ciò che si deve essere, fare ed operare affinché il nostro organismo funzioni perfettamente. Nel caso, malauguratamente, qualche parte del DNA non funzioni o si rompa (delezione), la cellula e tutte le altre si attivano a catena per cercare di riparare il guasto ma spesso non ci riescono per cui avremo un organismo che ha perso le capacità comunicative (informative) corrette. Si dovrà al più presto aggiornare il sistema, ripararlo e resettarlo per farlo ripartire.

Le **delezioni** sono un tipo di mutazione cromosomica nella quale un tratto di cromosoma è mancante, in seguito a rotture nel cromosoma stesso. Tali mutazioni possono essere indotte da vari fattori quali: variazioni della temperatura, radiazioni (in special modo radiazioni ionizzanti), sostanze chimiche, elementi trasponibili, medicinali chimici ecc… per cui potremo avere segmenti di DNA inserirti nel genoma in posizioni diverse, o infine alterati da errori della ricombinazione.

Come avrete compreso, la materia in questione è molto complessa, per questo vi chiedo di immaginare uomini che hanno o per vecchiaia o per errori vari, avuto alcune problematiche per cui non riescono più a comunicare con l'ambiente in modo corretto, come potranno riaggiornare il sistema genetico-informativo?

Quale elemento o organulo biologico naturale od artificiale sarà in grado di "entrare" in un organismo, trasportando un pezzetto di filamento genetico di DNA all'interno del super protetto nucleo cellulare per riaggiornarlo e ripararne eventuali imperfezioni?

La mia risposta è questa: i **Virus** sono i nostri "**riparatori**"! Il Virus è un microscopico essere **non vivente**, è un piccolissimo invisibile "robot biologico" carico elettricamente (infatti ha caratteristiche dipolari come l'acqua) che trasposta filamenti di materiale genetico (DNA/RNA). Il suo compito è entrare nel "sistema", utilizzando una sorta di

Premessa

sofisticato Bio-badge (tesserino per operazioni informatiche codificato e riconosciuto dal sistema stesso) di entrata per penetrare, senza alcuna difficoltà, nella membrana cellulare e quindi anche nella membrana nucleare (credetemi, un vero Fort Knox viste le sue protezioni strutturali). Il nostro **Bio-Badge** è costituito dalle proteine del Capside che avvolge il Dna/Rna virale. Questo è dotato di forme geometriche molto particolari che veicolano elettroni e biofotoni. Il **Capside** ha cioè una sua propria carica elettrica, anche influenzata dalla elettronica del Dna/Rna virale al suo interno, esattamente come una chiave elettromagnetica codificata. Questo per poter entrare nel nucleo, essendone autorizzato, ed utilizzare il DNA della cellula ospite per replicarsi velocemente per poi andare a "informare" o più cellule possibili.

Fatto questo e dopo aver provocato una fisiologica reazione infiammatoria e soprattutto la febbre il messaggero virus si disattiva. Di lui dopo il grande e veloce lavoro eseguito, rimangono frammenti genetici dispersi in tutto l'organismo.

Il corpo ha prodotto anticorpi come prova che il messaggio è stato ricevuto e non è necessaria un ulteriore "infezione" in futuro: sistema aggiornato e riparato.

Ora tutto riprenderà e rifunzionerà al meglio.

Il fatto che il virus possa mutare nel tempo (anche brevissimo) **è perché deve fare gli straordinari** e cioè a volte ritornare a fare ulteriori modifiche al sistema dopo il reset. La Natura ed il grande Ordinatore Universale (che viene chiamato dai credenti anche Dio Creatore), sono gli architetti e ingegneri, nonché Biologi "ideatori" di questo meccanismo semplice e naturale.

Ma per fare questo devono rispettare l'andamento della popolazione, la crescita demografica, la purezza del DNA, rimediare ai danni creati nell'ambiente (il danno peggiore sono le radiazioni nucleari di ogni tipo).

Come riescono a generare, costruire e spedire i virus in tutti i continenti?

Una delle varie risposte ipotizzabili è che queste creature o particelle **"robotizzate"** vengono assemblate dal potere generante della Natura, sia negli animali presenti in natura come il maiale, i pipistrelli, i serpenti ecc…che nell'uomo.

Premessa

Tutto questo grazie ad in-formazioni provenienti dalle altre dimensioni sottili in cui vige un campo informante e dipendente da leggi riferibili alla fisica quantistica, in cui elettroni intelligenti influiscono su forze aggreganti di atomi e molecole.

Queste stesse forze (che taluni definiscono misteriose) contribuirono a creare la vita sulla terra.

Il DNA è una costruzione unica nel suo genere ed è come una antenna ricetrasmittente. Ci collega con il tutto e serve anche a segnalare la nostra posizione a tutto ciò che è simile a noi; esattamente come un telefonino cellulare è rintracciabile ed è connesso con il sistema che conosce e riconosce perfettamente la sua posizione e le sue coordinate.

Flussi di Virus partono dalla zona di generazione dei codici, tramite il loro "ingresso" agevolato (utilizzando le leggi della risonanza) in ospiti adatti allo scopo, grazie a credenziali biologiche e compatibili con un Bio-badge elettronico e da qui iniziano il loro cammino. Compiendo, così, la sua missione per cui è stato appositamente creato.

Nel percorso che il Virus è destinato a compiere, alcuni soggetti infettati non riescono a supportare i pacchetti di aggiornamento genetico e biochimico e purtroppo lasciano il corpo (decedono), altri si ammalano sia per il lavoro interiore che esegue il virus sia per lo stato di difesa umorale che l'organismo mette in atto, altri soggetti hanno effetti minimi altri ancora non presentano alcun effetto o sintomo.

Queste diversità sono imputabili al fatto che mancano molti "**aggiornamenti**" oppure pochi o i più fortunati avevano già aggiornato il sistema tramite altri virus con informazioni simili, in passato.

Si potrebbe allora spiegare perché certi gruppi di persone sono immuni a certi virus. Cosi come quasi tutti i bambini, che nascono ovviamente nuovi e già aggiornati (per così dire), con un programma già pronto per il futuro. Le donne che hanno in loro lo spirito, le attitudini e le capacità del "creatore" rimangono le meno colpite, per ovvie ragioni. Se il genere femminile scomparisse o si riducesse troppo la Natura ne soffrirebbe e metterebbe in dubbio la sopravvivenza della specie o del gruppo etnico. Per questo tra i decessi o ammalati gravi per esempio della patologia Covid19 troviamo una percentuale del 29% circa di donne rispetto agli uomini. **Un potere dato dalla Natura alla donna di sopravvivere ad ogni catastrofe ed epidemie.**

Queste particelle virali che mi piace definire "sacre" (essendo presente in esse una Volontà divina), dal villaggio o città di origine, percorrono i cosiddetti **meridiani della Terra** come fossero i canali di agopuntura cinese, utilizzando il loro potere di dipoli elettrici che rispondono alle leggi del magnetismo. Si avvalgono, cioè, dei canali elettromagnetici naturali (linee di Hartmann, le Ley Lines, ecc…) ed anche quelli artificiali (i CEM prodotti dall'uomo) ma anche del vento, dell'umidità o secchezza dell'aria, delle polveri sottili e delle nano particelle presenti nell'atmosfera (come il PM10 che potrebbe fungere da cappotto di nano particelle metalliche) per accelerare ed agevolare il loro arrivo in pochi giorni in Europa ed in America dove il virus deve fare il suo dovere, **portare avanti il suo compito determinato dall'Ordinatore Universale e dalla Natura**.

Ogni volta che un virus infetta un organismo, quello che fa, in realtà, è trasferire delle bio-informazioni genetiche, che passano da organismo a organismo, in una sorta di terapia genetica naturale che va avanti da miliardi di anni.

Ricordo, a tal proposito, che i Virus, come del resto i principali ceppi di Batteri e Microrganismi sono sempre esistiti, infatti le analisi sui resti mummificati delle antiche civiltà lo dimostrano come vediamo nell'immagine a pagina 23.

Premessa

1500 AC: **prime evidenze della presenza di virus**

deformità della gamba:
poliomielite
(stele egizia, 18th Dynasty, 1580–1350 a.C.)

segni sul viso:
vaiolo
(mummia di Ramsete V, morto nel 1156 a.C.)

Primi virus identificati (1898):
- virus del mosaico del tabacco (Beijerinck)
- foot and mouth disease (Loeffler)

"…a piece of bad news wrapped in a protein coat"
(Sir Peter Medawar, 1915–1987)

Addentriamoci, ora, ancor di più nell'argomento coinvolgendo un'altra scienza: la Biologia, osservandola con una profonda visione metafisica oltre che metaforica.

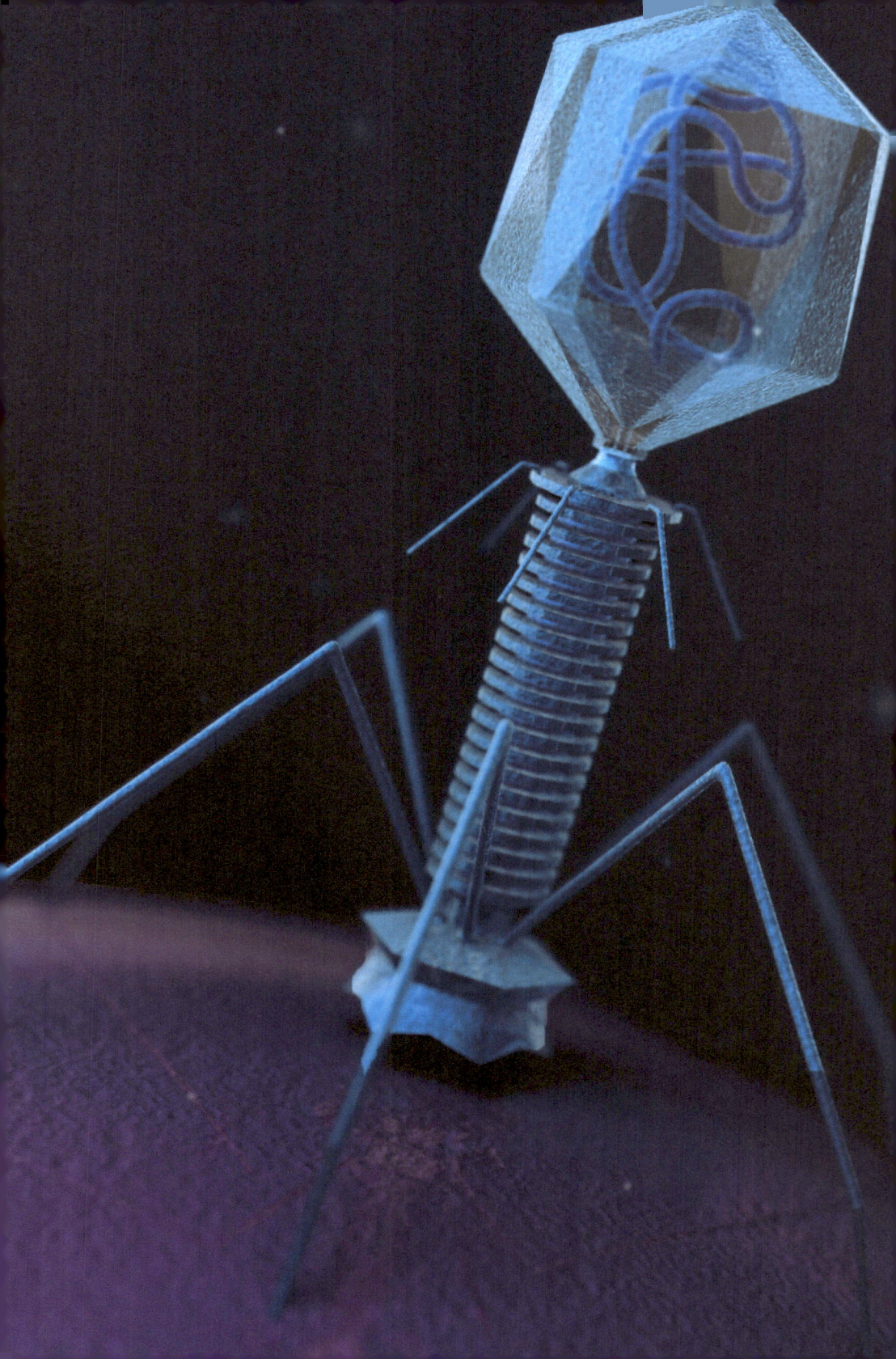

I Virus sono realmente esseri viventi, temibili e pericolosi o sono messaggeri sottili della Natura?

Cerchiamo, innanzitutto, di percepire questi straordinari avvenimenti del 2020 come una grande **opportunità** che è quella di riflettere, seriamente, sul **vero significato delle leggi universali, tra cui quelle fondamentali di madre Natura**: capire il perché della vita, dell'esistenza e della morte sul nostro pianeta. Comprendere anche che esiste una **selezione naturale** di tutti gli esseri viventi (vegetali, animali e umani), che fa parte della Natura stessa e la utilizza da sempre, per fini materiali di sopravvivenza del più forte e sano, ma soprattutto per fini superiori che la mente umana non riesce a decifrare con serenità.

La paura di ammalarsi e morire ha paralizzato la coscienza e l'obiettività. A volte, dalla dimensione divina arrivano messaggi che non siamo in grado di decifrare, con la nostra piccola e limitata mente razionale, a volte messaggi che fanno soffrire, a volte messaggi che ci danno entusiasmo e felicità. Nel nostro delirio di onnipotenza, spesso tocchiamo maldestramente certi spazi sacri che non si dovrebbero mai invadere od alterare; per questo le informazioni ed i messaggi di Madre Natura, per raggiungerci e farci capire i nostri errori, devono prendere altre strade.

Analizziamo ora alcuni dati tratti da studi scientifici e da osservazioni personali riguardo il sistema immunitario dell'uomo e tutto quello che si è intuito e quel poco che si conosce fino ad ora.

Cosa è il **Viroma**? Quale è il rapporto **tra viroma e patologie immunitarie**?

Le malattie del sistema immunitario sono diffuse in una grandissima parte della popolazione mondiale. Non esistono ancora cure e terapie efficaci.

Solo negli ultimi anni si è valutata con attenzione la relazione tra le malattie immunitarie ed autoimmunitarie studiando il cosiddetto "**Microbioma intestinale**" e sono stati identificati anche nuovi ceppi batterici associati al deficit od alla disregolazione del sistema immunitario.

Si sa però ancora molto poco sul ruolo del "**Viroma intestinale**" nella genesi delle alterazioni immunitarie e altre patologie intestinali. Il Viroma intestinale, ossia l'insieme dei vari tipi di virus che vivono prevalentemente nell'intestino potrebbe giocare un ruolo di bilanciamento, se non di vera e propria protezione attiva costante del **Microbiota intestinale** che è uno degli elementi fondamentali di tutto l'**ecosistema intestinale**. Quest'ultimo, infatti, comprende tre componenti: la **barriera intestinale**, che è un filtro molto selettivo e importante per il benessere dell'intero organismo, una struttura di tipo neuroendocrino oggi chiamata comunemente "**secondo cervello**" e, infine, il **microbiota intestinale** che, pur non essendo un vero organo perché funzionalmente ci appartiene anche se non dal punto di vista anatomico, da sempre ci accompagna nell'evoluzione filogenetica.

Che cosa significa Microbiota intestinale?

Con questo termine si definisce la **comunità microbica del tratto enterico** – alcuni autori ritengono in numero simile al numero di cellule del corpo umano, altri addirittura **10 volte maggiore** –, costituita prevalentemente da **batteri**, oltre a **lieviti**, **parassiti** e, **virus** e **viroidi**. Quando queste comunità vivono in **equilibrio** vi è una condizione definita di **eubiosi**. Questa è molto importante perché permette alle varie componenti del microbiota intestinale di essere funzionalmente efficaci e soprattutto di essere sincronizzate sia tra loro, sia con gli altri componenti dell'ecosistema intestinale.

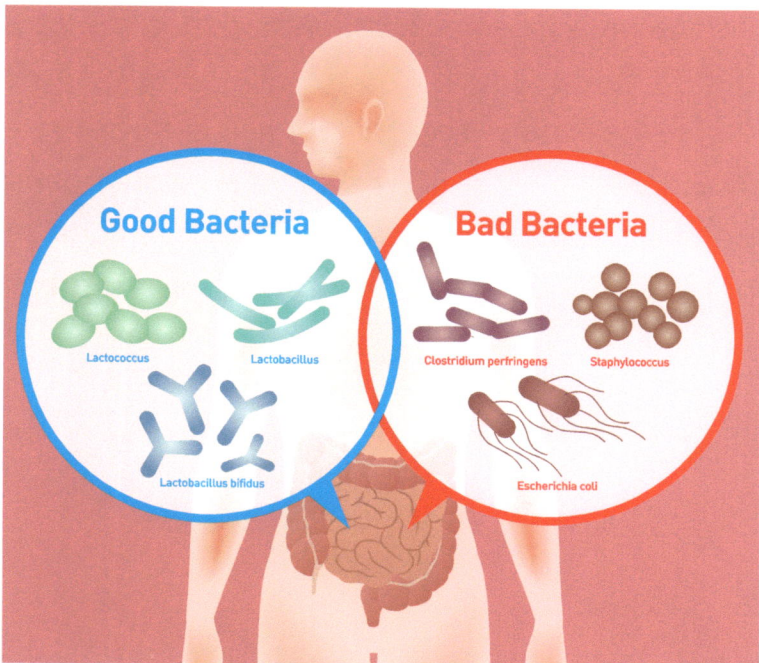

I Virus sono realmente esseri viventi, temibili e pericolosi ...

Il **Viroma intestinale** è costituito, come dice la parola, soprattutto da **Virus** che sono strutture nanometriche glicoproteiche (che misurano circa 90 Nanometri = 0.00009 Millimetri) contenenti all'interno alcuni frammenti di **codice genetico**, esattamente uguale a quello che troviamo in tutti gli esseri viventi ma composto in varie proporzioni e quantità. Questi esseri "non viventi" sono delle vere e proprie chiavi elettromagnetiche bio-informate e riescono benissimo ad infettare i batteri eucarioti.

Tra tutti questi Virus di vario tipo e forma bisogna soffermarci, ammirati, soprattutto sul misterioso **Batteriofago** e ad altri tipi prevalentemente appartenenti all'ordine dei **Caudovirales** rappresentati da **Siphoviridae**, **Myoviridae** e **Podoviridae**. Questi virus, in uno stato di bio-attivazione, pensiamo prodotto da informazioni prodotte dall'uomo e dalle sue funzioni legate ai messaggi frequenziali ben spiegati dalla PNEI, mostrano una sostanziale ed ottima attività e stabilità temporale all'interno della popolazione umana.

L'abbondanza di alcune famiglie di Batteriofagi sarebbe in grado di condizionare la risposta immunitaria sia in senso di "iper" che di "ipo" immunità.

Una riduzione della biodiversità della componente batterica del Microbiota intestinale è stata, ultimamente, messa in relazione con alcune patologie autoimmuni od iperimmune, come ad esempio l'artrite reumatoide e il lupus eritematoso sistemico.

Lo stesso vale anche per la presenza di alcune specie, quali **Prevotella copri**, che si è scoperto essere probabilmente coinvolta nell'eziologia dell'artrite reumatoide attivando la risposta immunitaria Th17-mediata.

Un recente studio giapponese ha voluto approfondire alcuni di questi aspetti è stato lo scopo di che ha voluto indagare le alterazioni del viroma e identificare possibili virus e batteri coinvolti nella patogenesi delle malattie autoimmuni e ipoimmuni; oltre all'aspetto eziologico, lo studio ha analizzato anche il possibile ruolo dei **batteriofagi** nel **mantenimento dell'equilibrio del microbioma** intestinale e l'eventuale azione conseguente nel condizionare la risposta immunitaria.

Microbiota e microbioma sono due termini spesso usati come sinonimi, ma in effetti non lo sono. Nella maggior parte dei casi questo utilizzo "intercambiabile" non compromette la comprensione del testo o del senso del discorso, tuttavia è importante riflettere sulla sottile **differenza di significato** tra le due parole.

Microbiota si riferisce a una **popolazione di microrganismi** che colonizza un determinato luogo. Il termine **Microbioma** invece indica la totalità del **patrimonio genetico** posseduto dal microbiota, cioè i geni che quest'ultimo è in grado di esprimere, vuoi che essi siano batteri o protozoi o lieviti ecc….

Acerrimi "nemici" del microbiota e di conseguenza di un sano microbioma sono gli **antibiotici**. Questi infatti, se da un lato impediscono il proliferare dei patogeni e lo sviluppo di malattie infiammatorie e quindi infettive, dall'altro **compromettono la normale popolazione batterico/virale** che risiede soprattutto nell'intestino ed ivi svolge un ruolo fondamentale nel mantenimento dello stato di salute dell'organismo ospitante.

Il grande interesse attorno a questi temi si deve al recente sviluppo dell'**analisi metagenomica**. Negli ultimi 15 anni questa tecnica ha fortemente contribuito all'aumento delle ricerche su microbiota e microbioma e ha permesso di scoprire la fitta trama di **interazioni** tra batteri, organismi pluricellulari

Virus Alieno

e virus. Nel percorso di comprensione di questa complessità non siamo che agli inizi.

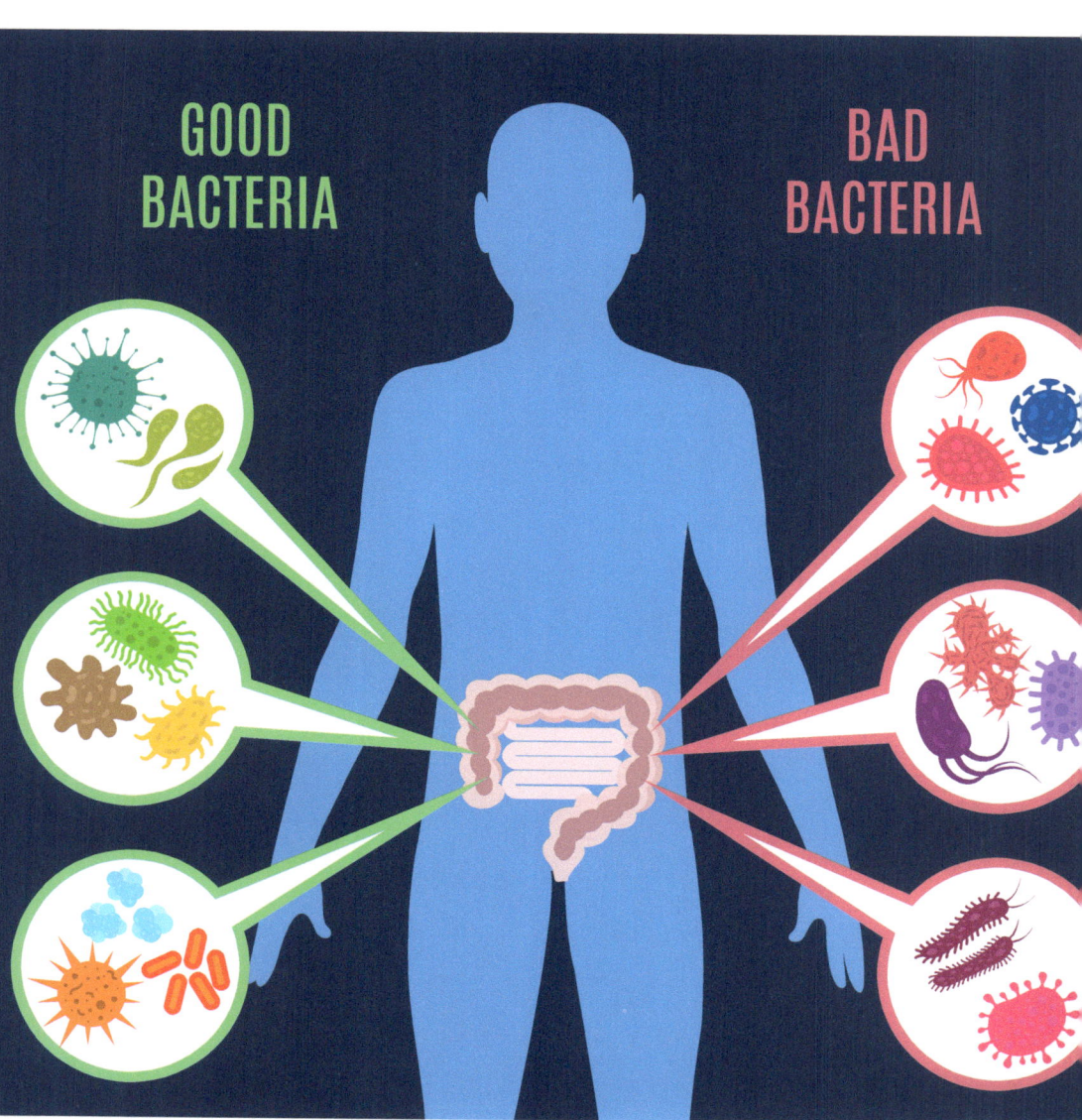

Il **Microbiota intestinale** quindi, come ora sapete, non è composto soltanto da batteri ed altri organuli o organismi, ma anche da **Virus (Viroma)**, tra cui spiccano i mitici **Batteriofagi** (vedi foto). Essi sono in grado perfettamente di influenzare la composizione della popolazione batterica, iniettando nel loro interno materiale genetico che funge da cavallo di Troia avvelenato. Il Fago trasporta, come un'arma biologica, il suo particolare materiale genetico che, una volta iniettato, blocca rapidamente la possibilità del battere di replicarsi e di proliferare (provocandone anche la lisi e la morte) riducendo una infezione batterica o eventuali problematiche.

Il Batteriofago dopo questo atto eroico scompare e si dissolve.

Un'azione che capita miliardi di volte ogni giorno nel nostro corpo. Vorrei, con questa immagine epica, stimolarvi a smetterla una volta per tutte di additare i virus come veicoli di morte. Sono, invece, delle realtà non "umane" costruite da un Creatore che ha voluto donarci della nano-macchine biocibernetiche per difenderci e per riarare danni ed a volte per cambiare la sorte della nostra esistenza. Chi li rimpiazza ogni giorno? Chi assembla, dentro di noi, i Batteriofagi che vanno ad immolarsi come kamikaze contro i batteri che stanno proliferando abnormemente? Bella domanda. Un luogo, nel nostro corpo è la sede della "costruzione" molecolare e genetica del Batteriofago, ma dove? Questo interrogativo ve lo rivelerò in un prossimo mio libro.

Da queste osservazioni emerge il potenziale ruolo regolatorio dei fagi nel mantenimento dell'equilibrio del microbioma intestinale, ma anche il loro ruolo diretto nella direzione della risposta immunitaria senza ricorrere alle medicine di sintesi.

Guardate la perfezione del nostro piccolo amico **Virus Batterio-fago** (che vuol dire letteralmente "virus che si mangia i batteri").

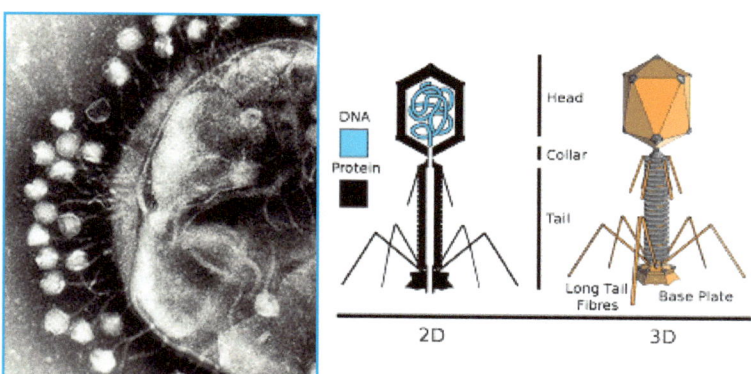

Viroma intestinale e sistema immunitario

In uno straordinario studio giapponese sono state selezionate ben otto sottofamiglie virali: cioè le *Autographiviridae, crAss-like Phage, Herelleviridae, Microviridae, Myoviridae, Phycodnaviridae, Podoviridae, Siphoviridae.*

Pensate che la quantità ed il tipo di batteriofagi presenti nell'intestino umano, hanno un impatto diretto sulla nostra salute immunitaria, soprattutto attraverso le ricche interazioni che si instaurano fra virus e batteri e che modificano l'abbondanza e la vivacità riproduttiva di questi ultimi, bersagli ma anche ospiti dei Batteriofagi.

Prima o poi si svilupperà senza pregiudizi una seria ricerca realmente comprensiva delle **interazioni virus-batteri** e sarà fondamentale per mettere in luce i vari aspetti ed i meccanismi, a volte ancora misteriosi, che stanno alla base dell'eziologia dei disturbi immunitari correlabili alla alterazione del viroma e microbioma intestinale.

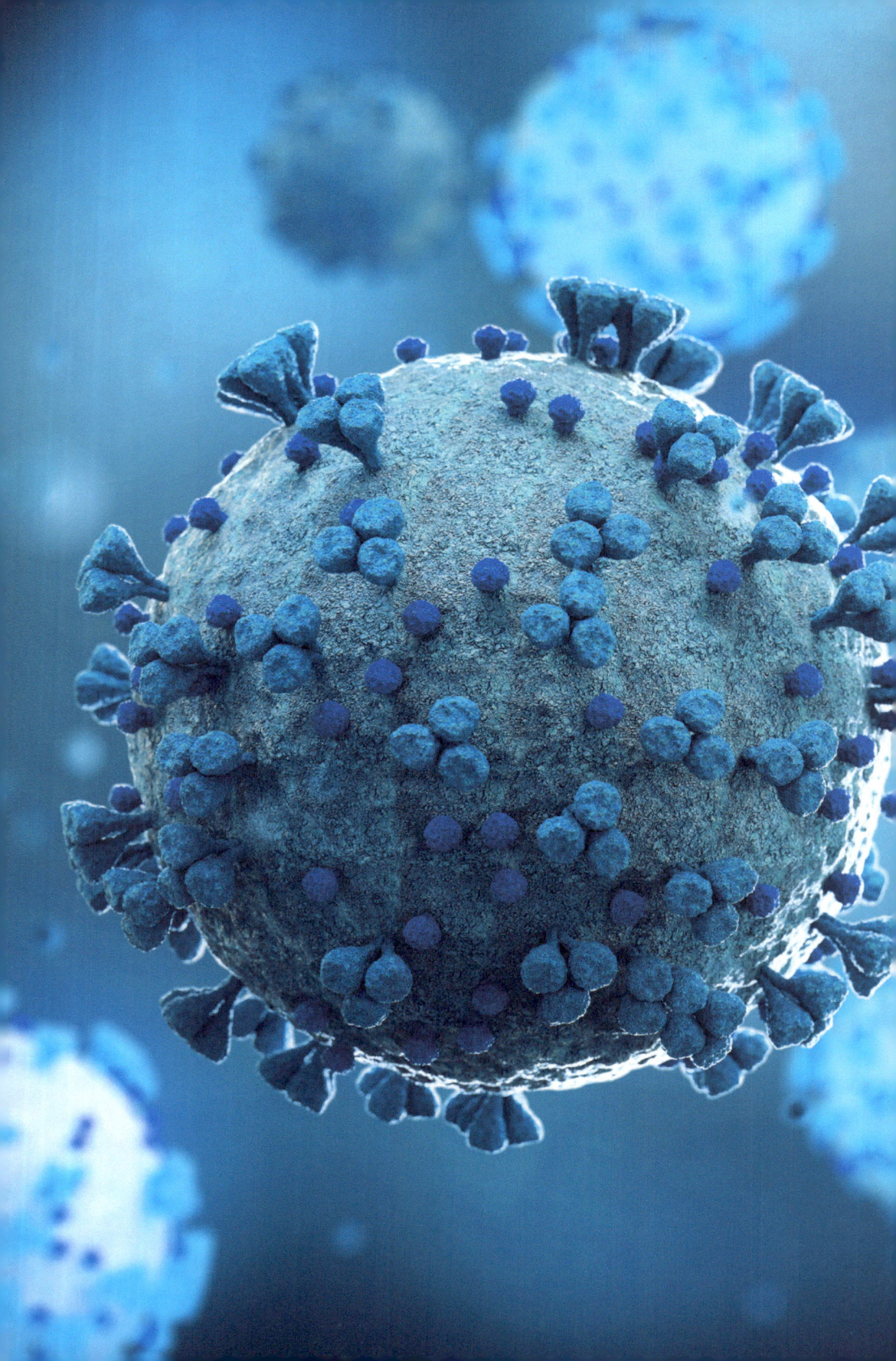

Gli studi e le ricerche di Gaston Naessens

Molti ricercatori hanno tentato di dare un senso alla microbiologia, andando oltre le teorie del chimico e farmacista francese Louis Pasteur che sembravano poco sensate già a metà dell'800. Tra questi si è distinto il Dott. **Gaston Naessens** (biologo francese che vive in Canada deceduto nel 2018 a 95 anni) che anni fa ha fatto scoperte straordinarie nei campi della microscopia, microbiologia, immunologia, diagnosi clinica e terapia medica.

Nel 1950 Naessens ha ideato uno straordinario microscopio (Somatoscopio) capace di permettere l'osservazione dei più piccoli microorganismi viventi, senza "ucciderli", vale a dire in vivo.

Con questo strumento ha riconfermato ed ampliato le scoperte e le teorie del tedesco Gunter Enderlein e del francese, antagonista di Pasteur, Antoine Bechamp che ha sempre sostenuto la presenza di alcune particolari forme cioè di curiosi organuli subcellulari, denominati somatidi.

Il **somatide** si svilupperebbe cambiando forma in un singolare ciclo i cui primi **tre stad**i sono perfettamente "normali" in un organismo sano. Coloro che conoscono le teorie e le ricerche di **Royal Rife** noteranno immediatamente la somiglianza con ciò che lo stesso Rife aveva riscontrato, incluso questa loro abilità a cambiare forma.

Naessens ha notato che, quando il sistema immunitario dell'organismo per qualche motivo si indebolisce o si destabilizza, il ciclo di crescita e trasformazione del somatide passa attraverso altri **tredici stadi**, arrivando a un totale di **sedici forme diverse (anche geometriche)** e separate, ciascuna evolventisi nell'altra.

Ognuna di queste è stata documentata, in dettaglio, attraverso fotografie scattate al microscopio e addirittura filmati scientifici.

Gli studi e le ricerche di Gaston Naessens

I **somatidi** possono resistere all'esposizione fino a temperature di 200 C° ed oltre, basandoci quindi su queste osservazioni scientifiche si dovrebbe rivedere o rileggere attentamente il concetto di sterilizzazione fino ad ora codificato.

Essi sono inoltre sopravvissuti all'esposizione di radiazioni nucleari di tale forza da uccidere qualunque altro essere vivente, e sono rimasti inalterati all'azione di qualunque acido o base cui sono stati sottoposti.

Studiando queste particelle, per molti anni, Naessens ha stabilito una relazione delle 16 forme del ciclo patologico con vari tipi of patologie degenerative quali l'artrite reumatoide, il lupus, la sclerosi multipla, il cancro e più recentemente anche all'AIDS.

Naessens ha praticamente dimostrato che queste malattie hanno una base comune funzionale e non dovrebbero essere considerate fenomeni separati; in un'altra serie di straordinarie ricerche è stato anche in grado di sviluppare un trattamento che stenterei a definire antibiotico basato su di un prodotto derivato dalla **canfora**.

Iniettato nel sistema linfatico questo prodotto ha riequilibrato, in più del 75% dei casi, il sistema immunitario. Pare che agisca permettendo al corpo di liberarsi autonomamente dalla malattia, per cui lo definirei un trattamento "probiotico".

Uno si aspetterebbe che, con questi risultati, Naessens sarebbe stato, come minimo, accolto dalla comunità scientifica od Accademica a braccia aperte. In realtà è successo proprio il contrario, come del resto ai suoi predecessori Antoine Bechamp ed Gunter Enderlein.

Nel giugno del 1989 Naessens è stato arrestato ed ha avuto grossi problemi legali per bloccare il prosieguo delle sue ricerche.

Negli ultimi due anni si è parlato molto di lui sui giornali ed è stato, ora, completamente riabilitato. Tale è stata la "vox populi" che, pare, il governo canadese sia stato costretto a rendere il suo rimedio disponibile al pubblico. La ricerca di cosa sono in realtà i somatidi ha portato a fondare la nascita della teoria del **Pleomorfismo e della Ciclogenia** in cui i virus hanno una loro ragione di essere. Ma, purtroppo, queste ricerche sono destinate ai soli singoli professionisti che, a loro spese, vanno avanti con gli studi e sperimentazioni non potendo accedere ai sofisticati laboratori "ufficiali".

Gli studi e le ricerche di Gaston Naessens

Del resto il Prof. **Rudolf Virchow**, il padre della teoria dei germi, ha dichiarato nei suoi ultimi anni: "Se potessi rivivere la mia vita, la dedicherei a provare che i germi cercano il loro habitat naturale e cioè i tessuti malati invece di causare malattia". Pasteur (1822-1895) e Paul Ehrlich (1854-1915) hanno dato congiuntamente al mondo civilizzato le dottrine della teoria della malattia di microbiologia e immunologia prima della scoperta delle vitamine, degli elementi traccia e di altre sostanze nutrienti. Per i loro sforzi e discutibili scoperte, i vaccini diventarono di moda e furono promossi da eminenti scienziati.

Facendo riferimento agli studi di A. Bechamp (1816-1908) ed G. Enderlein (1872-1968) che, in controtendenza rispetto alle teorie di Pasteur (1822-1895) sul monomorfismo, elaborarono questa tesi del **Pleomorfismo** destinata a rivoluzionare i postulati della vecchia microbiologia. Il pleomorfismo sostiene che "micro-corpuscoli" visibili e isolabili possano trasformarsi, a seconda della condizione del terreno, in batteri, muffe, funghi e perfino virus...ma tuttora la Scienza è cieca e sorda alle evidenze di questi grandi scienziati, forse per non dispiacere alla industria farmacologica?

Mah, in futuro si vedrà, tante cose cambieranno entro pochi anni. Ne sono certo.

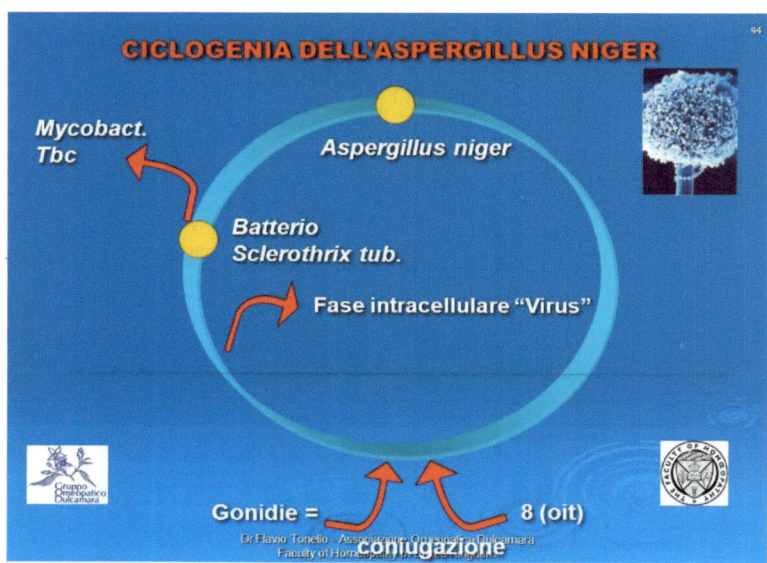

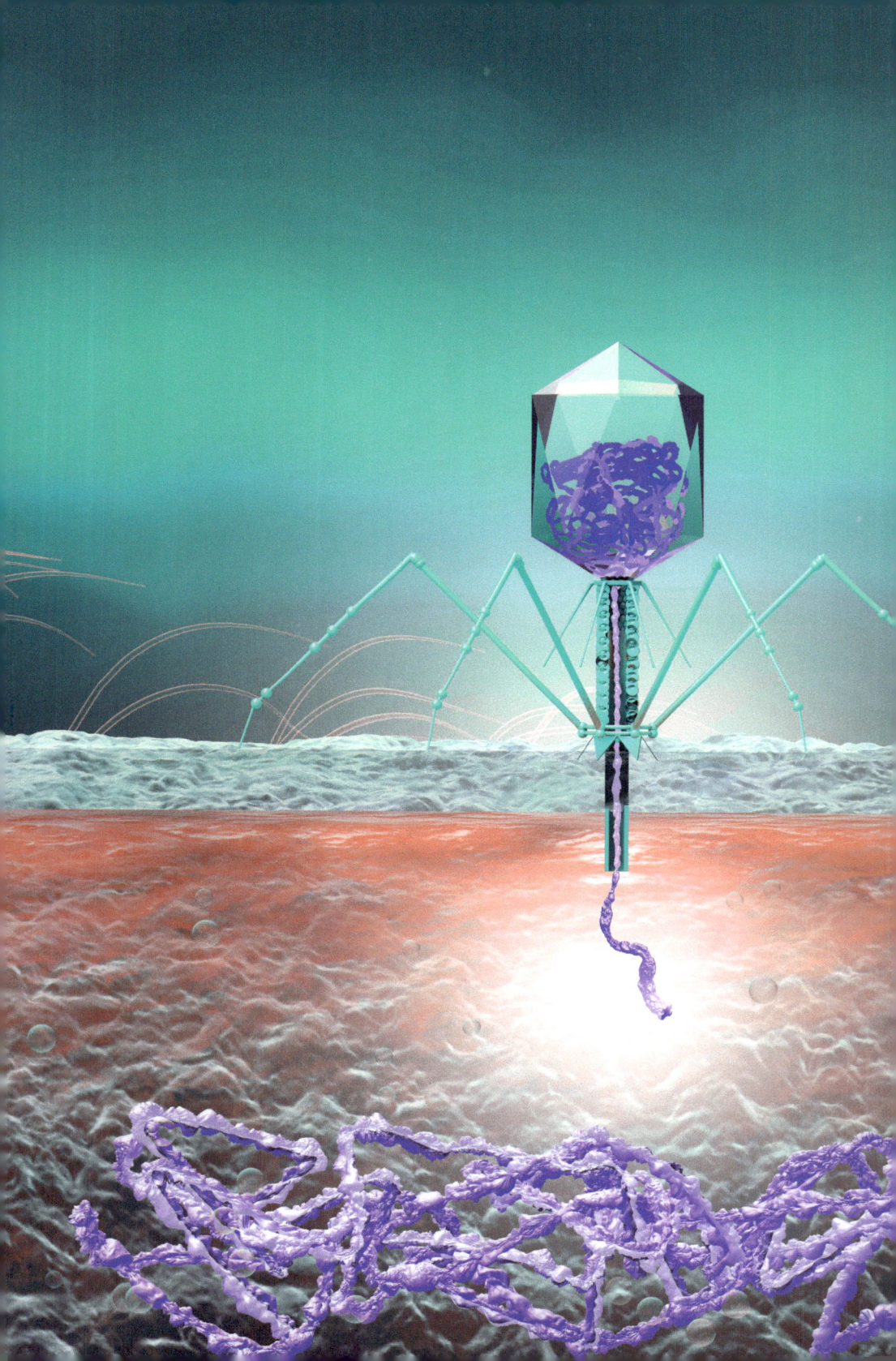

I Virus sono sofisticati nano-veicoli di informazioni vitali

I Virus sono sofisticati nano-veicoli di informazioni vitali cioè "messaggeri" con memorie e codici del funzionamento dei meccanismi biologici grazie ad una furba registrazione di codici di protezione su un supporto genetico (RNA o DNA).

Mi piace, a questo punto, sottolineare che, secondo i classici testi di virologia e microbiologia, i virus presentano le seguenti caratteristiche, che sono **del tutto incompatibili con la vita**:

1) **I virus non posseggono, come tutti i viventi, il classico metabolismo**. Non possono elaborare

il cibo o il nutrimento e dunque non possiedono strumenti per formare energia. Sono solo un nano-contenitore, uno schema di informazioni, come lo sono i genomi.

2) **I virus non possiedono alcun tipo di capacità di movimento**. Non hanno un sistema nervoso, né un apparato sensorio, né un'intelligenza che possa in qualche modo coordinare movimenti per divenire "invasioni del corpo" di qualsiasi natura.

3) **I virus non possono replicarsi**: essi dipenderebbero interamente dalla "riproduzione obbligata", vale a dire la riproduzione attraverso un organismo ospite, cosa assolutamente inaudita in qualsiasi altro campo della biologia.

Cosa è la riproduzione Obbligata?

Nelle spiegazioni che i medici forniscono sulle cause delle infezioni virali, ci viene chiesto di credere alla riproduzione obbligata, in cui un organismo (**la cellula**) viene costretto a riprodurre un organismo alieno (**il viru**s). Tuttavia non ho mai sentito, in Natura ed in Biologia, alcun esempio di esseri viventi che riproducano qualcosa o qualche creatura non appartenente alla propria specie.

Non dimentichiamo, inoltre, che il **rapporto tra le dimensioni del virus e quelle della cellula è di circa un miliardesimo**. La spiegazione offerta dalla teoria virale delle malattie ci impone di credere al Dogma accademico che il virus si possa infilare all'interno della cellula e le ordini di riprodurre il virus alieno centinaia di migliaia di volte, finché la cellula va incontro alla morte ed "Esplode". Un altro dogma è che nel momento in cui il virus "si riproduce" la sua massa complessiva rimane comunque **meno di 1/100 dell'uno per cento** della massa della cellula. Sarebbe come dire che se un uomo si iniettaste circa mezzo grammo di una sostanza, essa potrebbe provocare una tale reazione biochimica ed una tale pressione interna da farvi esplodere.

Leggendo il **Boyd's Medical Textbook** troviamo alcune risposte indirette alla mia ricerca; **molte persone sane** avrebbero dentro di sé, in una specie di incubazione, miliardi di virus di vario tipo **senza** sviluppare le particolari patologie anche gravi, di cui questi virus dovrebbero essere la causa e che, alla fine, questo continuo influsso debilitante sarebbe prima o poi in grado di sopraffare le funzioni protettive del corpo "**permettendo ai virus di usurpare le attività biologiche all'interno della cellula**".

Se ne inventano tutte, senza dichiarare per esempio che oltre la temperatura di circa 38,3 gradi ogni particella virale si denatura e si distrugge, come del resto alla luce del sole ed al processo ossidativo dell'aria. Una mela tagliata a metà e lasciata all'aria aperta o in cucina presenta i primi segni di ossidazione da 14 a 21 minuti.

Quanto è più piccolo un virus rispetto alla mela? Miliardi di volte meno. Bene, in quanto tempo allora si ossida e si distrugge un virus all'aperto? Fate voi il conteggio del nano-tempo. Sconcertati vero?

I grandi studiosi internazionali della Virologia televisiva non parlano e non hanno mai parlato di tutte queste semplici osservazioni e soprattutto hanno sempre avuto un linguaggio punitivo verso l'untore, creando barriere sociali e indicando la gente colpevole di diffondere i virus soltanto con la loro presenza e con il loro respiro. Mi spiace davvero per l'umanità e per la povera scienza ridotta a non riuscire a dare spiegazioni o cure sintomatiche e

I Virus sono sofisticati nano-veicoli di informazioni vitali...

preventive su queste epidemie se non un obbligo di mascherina, lockdown, quarantene, obbligo di cura con sieri sperimentali ecc...creando problemi su problemi; disagio sociale, crisi di panico e gravi stati ansioso depressivi, claustrofobia e socio-fobie, problematiche a causa della CO_2 respirata con mascherine, effetti indesiderati di vario tipo anche gravissimi e letali a seguito della somministrazione obbligatoria del siero magico, che viene impropriamente chiamato "Vaccino". Qui non mi dilungo ne voglio fare polemiche, tanto so che la maggioranza dei miei lettori è sempre ben informata.

Per trovare, ora, spiegazioni intelligenti e più aderenti alla realtà di tutti i giorni, mi si permetta ancora una breve premessa ed un chiarimento, riferito alla parola un po' misteriosa ed un po' paurosa che sta originando in tutto il mondo panico e sgomento: "**virus**".

Sono fermamente convinto che questi Virus non sono altro che **ultramicroscopici frammenti** contenenti quel tipo di DNA (o RNA) chiamato e considerato dalla scienza ortodossa sempre completamente diverso "**estraneo**" all'uomo.

Al fine di essere maggiormente esaustivo, anche per chi non conoscesse bene cosa, vi parlerò brevemente del DNA e il RNA: **Cosa è il DNA**? Immaginate una lunga catena, come una doppia spirale, una **doppia elica**. Il DNA è la base fondamentale della vita e si trova all'interno di ogni **cellula** del corpo umano, cosi come nei batteri, nelle creature viventi e non viventi (come i Virus) ed anche nei vegetali; esso è composto da **cromosomi**, che contengono tutte le informazioni genetiche che si trasmettono da un individuo all'altro. Ogni parte del DNA è formata da elementi più semplici, come se fossero gli anelli di una catena. La funzione più importante del DNA è quella di contenere le informazioni necessarie per far funzionare l'organismo. Questi dati possono essere trasmessi da una **cellula** all'altra e da un organismo all'altro. Non dobbiamo dimenticare che all'interno di questa molecola sono presenti **codici e istruzioni fondamentali**, che servono a sintetizzare per esempio le **proteine**, importanti per costruire i tessuti e gli organi e per poter mettere in atto tutti quei **processi biologici** e chimici che garantiscono la sopravvivenza dell'organismo. Tutte queste informazioni insieme formano il **codice genetico**, che è costituito da basi azotate disposte a tre a tre (chiamate triplette).

La funzione più rilevante del DNA è quella di trasmettere le caratteristiche ereditarie da un individuo all'altro. Vi è uno stretto rapporto fra **genetica e DNA** studiando le varie funzioni del genoma. Sappiamo, infatti, che molte componenti dell'individualità di ogni persona sono stabilite proprio da questa molecola: anche l'intelligenza e le abilità sono stabilite dal DNA, così come molte peculiarità fisiche, a partire dal colore dei capelli o da quello degli occhi e le caratteristiche caratteriali.

Esiste anche un **DNA mitocondriale** che viene tramandato dalla madre ai figli, infatti tutti i figli della stessa madre presentano lo stesso DNA mitocondriale.

Le informazioni che caratterizzano questa molecola si trovano all'esterno dei cromosomi del nucleo cellulare. Il DNA in questione si trova all'interno di alcuni organuli cellulari importantissimi, in quanto sono deputati alla produzione di "**energia**" vitale chiamati **Mitocondri**. Esiste un apposito **test del DNA mitocondriale**, che serve a ricostruire la storia individuale in linea materna o a determinare la parentela di due o più persone proprio attraverso la linea ereditata dalla madre. Questo per farvi capire cosa è nascosto nel nostro codice genetico DNA.

Per riassumere il tutto: ogni essere vivente è formato in un determinato modo ed è capace di molte funzioni (riproduzione, crescita, movimento ecc…) perché ha ricevuto dai suoi genitori una lunga molecola di DNA contenente tutte le informazioni necessarie e, **mediante l'uso di molecole di RNA**, può attuare quelle informazioni. **DNA e RNA sono acidi nucleici, molecole complesse che si trovano nelle cellule**.

Le proprietà chimiche, con cui è scritta l'informazione del DNA, permettono la sua replicazione in un'altra molecola identica, **essere trascritto in una molecola di RNA** ed essere, quindi, interpretato per produrre le proteine necessarie alle funzioni vitali. Diversamente dal DNA, che è a doppio filamento, l'**RNA** è una molecola a **singolo filamento** con vari ruoli biologici e ha una catena molto più breve di nucleotidi.

Come tutti sappiamo, molti anni fa, alcuni ricercatori meticolosi e creativi notarono curiosi filamenti di DNA sia nel citoplasma sia nel nucleo

I Virus sono sofisticati nano-veicoli di informazioni vitali...

delle cellule chiamandoli "viroidi". Si ricorda che hanno comprovato le loro osservazioni con l'uso di strumenti sofisticatissimi per l'epoca. I virus, così identificati, misurano mediamente 20/100 **Nanometri = 20/100×10-6 millimetri all'incirca**, cioè sono così infinitamente piccoli che non potreste nemmeno immaginare. Visti i fotogrammi costoro ipotizzarono che questi frammenti, circondati da un involucro proteico che chiamarono capside, si sarebbero automaticamente inseriti nel **DNA** umano **per utilizzarlo**, con **tutte le sue funzioni cellulari**, per creare cloni o "virus figli", che poi sarebbero migrati in massa andando, in giro per i vari organi e verso altre cellule per infettarle a cascata creando miliardi di cloni identici. Come riuscisse furbamente poi il virus a dribblare le difese extracellulari, le difese della membrana cellulare, le difese del citoplasma, le difese della membrana nucleare ed entrare a contatto con il nostro sacro DNA nel "sancta sanctorum" nucleare, nessuno lo ha ancora ben spiegato o per lo meno dimostrato chiaramente con prove scientifiche inoppugnabili. L'ipotesi è che una miriade di piccoli cloni invaderebbe, **casualmente** e senza fatica alcuna, il nostro corpo ed in seguito anche gli altri corpi intorno a noi producendo un contagio rapido ed a volte rapidissimo (con il Covid19 anche solo 48 ore) generando il meccanismo di difesa dell'infiammazione con il relativo innalzamento delle difese anticorpali e soprattutto la "sacrosanta" Febbre.

Tutto questo senza uno scopo od un fine, solo per casualità criminale. **Nulla in Natura esiste senza uno scopo ben definito**. Siamo un meccanismo in cui la casualità sarebbe un grave errore di sistema.

Penso che questo meccanismo di replicazione "casuale" ed obbligata dei virus sia solo una bella teoria ma niente di più. Hanno rinnegato le leggi della natura per giustificare i loro teoremi. Questi ricercatori, per confermarli, sono partiti da osservazioni disegnate solamente sulla carta, supportati da immagini ed ingrandimenti realizzati da microscopi sofisticatissimi per l'epoca.

Devo farvi notare, inoltre, che questi strumenti erano costosissimi e difficili da usare dai più e ben pochi ne avevano accesso. I nostri studiosi, come da prassi, cercarono da subito di classificare i vari tipi di frammenti di DNA o RNA. La classificazione

I Virus sono sofisticati nano-veicoli di informazioni vitali...

che veniva effettuata era un difficile processo di denominazione dei virus per collocarli in un sistema **tassonomico**, simile ai sistemi utilizzati per gli organismi cellulari. La classificazione dei virus è oggetto di dibattiti e proposte tuttora controverse ed ancora in corso. Ciò è dovuto principalmente alla natura pseudo-vivente dei virus, vale a dire che sono **particelle non viventi**, ma con alcune caratteristiche biochimiche simili a quelle della vita o della vita non cellulare.

In quanto tali, non si adattano perfettamente al sistema di classificazione biologica stabilito per gli organismi cellulari. Sono creature misteriose e non ancora ben studiate e capite. I nostri ricercatori e la scienza dovranno in primis rispondere ad un importante quesito: a cosa servono i virus? Che funzione hanno nell'equilibrio biologico e funzionale umano? Quando e perché compaiono? Prima avremo una malattia cellulare e poi arrivano i virus o prima compaiono i virus e poi sopraggiunge la malattia? Quello che suscitava e suscita interesse è il cosiddetto "**capside**", cioè la capsula proteica che protegge e contiene il DNA o RNA virale e soprattutto che **obbedisce alle leggi uni-**

versali dei solidi platonici e della sezione aurea, cioè possiede forme perfette e classificabili più come **codici geometrici sacri**, piuttosto che come corazza di guerra di creature distruttive. I ricercatori avevano cioè osservato, dalle loro immagini ingrandite elettronicamente, che questi frammenti erano circondati da proteine con polarità e forme tali da creare involucri ben stabili e strutturati. Esaminando le foto elettroniche ingrandite dei vari tessuti infiammati, qualche ricercatore ha **decretato ufficialmente** che questi frammenti o particelle (senza vita e persi nel citoplasma), fossero i "Virus" responsabili delle cosiddette malattie virali e spesso della morte dei soggetti contagiati. E su questi frammenti si è costruita una vera e propria scienza dalla quale ne derivano le recenti terapie antivirali ed una miriade di cosiddetti vaccini. Comunque non mi stancherò mai di ripetere che **i virus non sono "vivi" e non possono assolutamente esserlo**, lo potreste capire anche voi come ho già scritto prima, non hanno i mezzi per muoversi nello spazio, di nutrirsi, di figliare autonomamente, di reagire al mondo circostante ecc... Ancora un grande mistero fatto passare e spacciato furbamente, alla luce di

I Virus sono sofisticati nano-veicoli di informazioni vitali...

quanto potete immaginare, per dogma sacrosanto e verità scientifica ufficiale.

Vediamo cosa è e come funziona, innanzitutto, il microscopio elettronico. Capirete come le curiose immagini di questi cosiddetti virus sono molto difficili da attribuire a creature viventi e soprattutto molto furbe le interpretazioni creative dei maghi del microscopio. A proposito le foto che vedete alla TV, con bellissimi colori, sono immagini ricostruite ai fini scenografici. Vedrete qui sotto una vera foto al microscopio elettronico.

Per superare i limiti dei microscopi ottici sono stati sviluppati, negli ultimi 50 anni, strumenti che sfruttano le conoscenze di base ottenute dalla fisica nucleare e dai grandi progressi dell'elettronica. Si tratta dei microscopi elettronici e atomici. Nei microscopi elettronici viene utilizzato, al posto della luce, un fascio di elettroni per 'illuminare' il campione da esaminare. Questo permette di ottenere ingrandimenti molto maggiori in quanto l'ingrandimento è legato alla lunghezza d'onda della radiazione che incide sul campione. La luce visibile, per dare un valore medio, ha una lunghezza d'onda di 4.000 Å (Å è il simbolo dell'Angstrom, un'unità di misura molto usata in microscopia e che corrisponde a un diecimilionesimo di millimetro), mentre i fasci di elettroni utilizzati nei microscopi elettronici possono arrivare a 5Å. A quell'epoca si misuravano le dimensioni piccolissime in Ångstrom. Oggi si misura tutto in Nanometri per cui sappiate che 1Å equivale ad 0,1 Nanometro. E fate i vostri conti.

microscopi elettronici

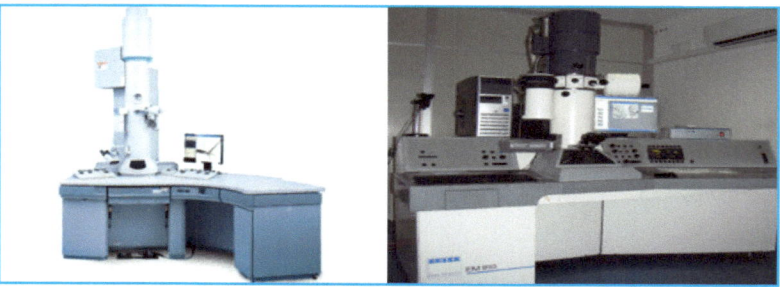

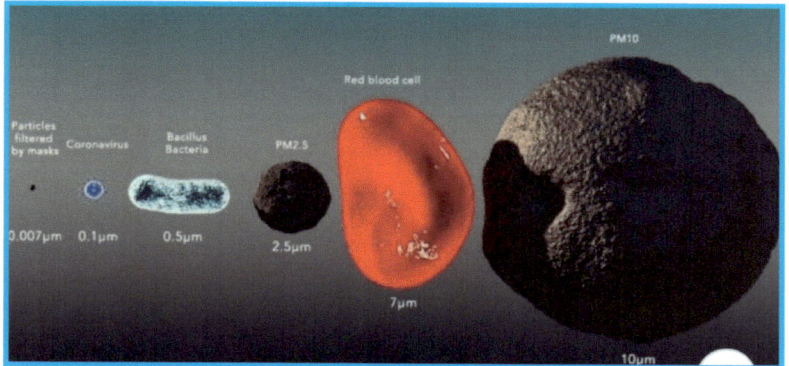

Unità di misura dal Virus alle particelle PM10...impatto visivo aiuta a comprendere meglio
le dimensioni del nostro spazio percettivo.

I Virus sono sofisticati nano-veicoli di informazioni vitali...

In questi strumenti sofisticati gli elementi principali sono un **cannone elettronico** che produce il fascio e alcune **lenti magnetiche**, che non hanno nulla a che fare con le lenti ottiche, in quanto sono campi magnetici che deviano gli elettroni, proprio come le lenti ottiche deviano i fotoni (e quindi i raggi luminosi), e possono essere regolati in modo da indirizzare con estrema precisione il fascio di elettroni, metterlo a fuoco e amplificarlo. L'ingrandimento del campione che si riesce a raggiungere con i vari tipi esistenti di microscopio elettronico può superare il milione di volte.

Il microscopio atomico, introdotto nel 1986, **non viene utilizzato per vedere un campione, ma per ricrearne un'immagine** stilizzata. In realtà si tratta di un **sistema a scansione**, una sorta di microscopica punta, avente dimensioni del milionesimo di millimetro, fissata a una altrettanto minuscola leva, formata da un composto di silicio, che viene fatta praticamente strisciare sulla superficie del campione. Le deviazioni della leva dalla posizione di equilibrio, dovute alla forma microscopica del campione, vengono misurate inviando un fascio laser su un punto preciso della leva stessa e misurandone la riflessione. Da queste deviazioni, più o meno grandi, si riesce a ricostruire un'immagine del campione stesso. Come potete immaginare quello che si riesce a vedere e capire da un'immagine di questi microscopi elettronici, non può essere preso **come verità inossidabile** sulla reale "**vitalità**" di un virus; **si può solo intuirne o percepirne le intenzioni, la localizzazione, gli spostamenti e così via**.

Per cui non dovremmo raccontarci favolette su teorie non dimostrabili completamente e idealizzare improbabili teoremi, iniziamo a rileggere la Virologia su basi meno fantasiose, create a volte ad hoc per mettere in piedi la fiorentissima industria dei vaccini e degli antivirali ma, soprattutto, si finisce per spaventare la popolazione con la classica "caccia all'untore" di manzoniana memoria.

Guardate a Sinistra un coronavirus ed a destra il virus del Vaiolo. Lascio a voi ogni giudizio in merito.

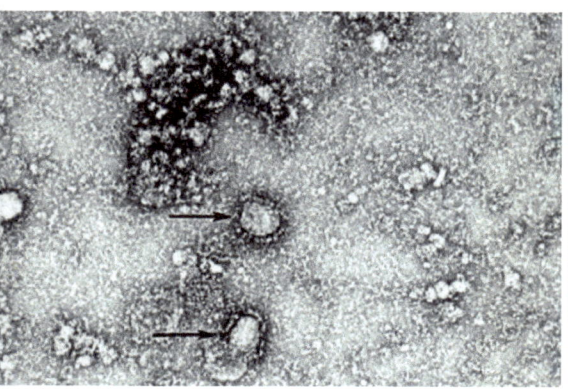 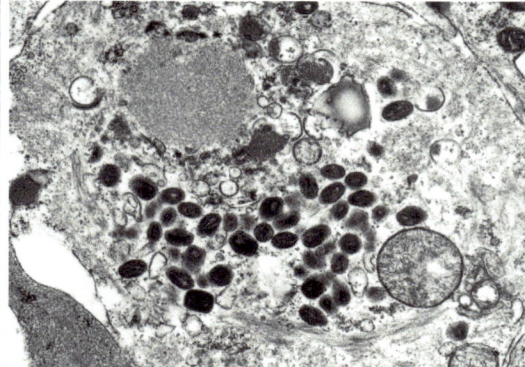

I Virus sono sofisticati nano-veicoli di informazioni vitali...

Che cosa è allora e realmente un Virus? L'etimologia di virus ci spiega che è una voce latina, e che in latino virus indicava una secrezione velenosa. Fu nel XVI secolo che questo termine entrò più stabilmente nel gergo medico, descrivendo un "pus contagioso". E solo alla fine dell'Ottocento fu attribuito a un agente infettivo di nuova scoperta, più piccolo dei batteri.

Oggi intendiamo per virus una entità submicroscopica e "virulento", in generale, significa contagioso. **La medicina moderna utilizza il termine "virus" per indicare una microscopica forma di vita capace di infettare le cellule e a cui viene pertanto attribuita la responsabilità di molte delle nostre malattie**.

Nell'immaginario popolare, il virus è una forma di vita subdola in grado di parassitare ogni altra forma di vita, inclusi gli animali, le piante e i saprofiti (funghi e batteri).

Nella descrizione delle infezioni virali ai virus vengono attribuiti comportamenti da vero killer con grande capacità ed intelligenza malvagia quali iniettarsi, incubare, essere latenti, invadere, avere uno stadio attivo, impadronirsi, riattivarsi, mascherarsi, infettare, disgregare, assediare ed essere devastanti e mortali.

Esistono varie teorie, purtroppo ancora tutte da dimostrare ma ve ne sono alcune un po' più calzanti di quelle di una buona parte della scienza ortodossa. Un esempio è la teoria del ricercatore americano **Arthur M. Baker** nella sua pubblicazione **Exposing the Myth of the Germ Theory 2005**, da cui ho attinto molto nelle mie ricerche che cita: "La teoria medica convenzionale sostiene che i virus nascono da cellule morte che essi stessi hanno infettato. Il virus "si inietta" nella cellula e le "ordina" di riprodurlo, fino al momento in cui la cellula esplode per lo sforzo. I virus sono a questo punto liberi di cercare altre cellule in cui ripetere il processo, infettando così l'intero organismo. I virologi tuttavia ammettono che i virus, pur avendo natura peculiarmente organica, non possiedono metabolismo, non possono essere replicati in laboratorio, non possiedono alcuna caratteristica degli esseri viventi e, in realtà, non sono mai stati osservati vivi ed in movimento".

I Virus sono sofisticati nano-veicoli di informazioni vitali...

I "virus vivi" sono sempre morti

Il termine "virus vivo" indica semplicemente quei virus creati dalla coltura di tessuti viventi in **vitro** (cioè in laboratorio), dai quali si possono ottenere trilioni di virus. Ma proprio qui sta il punto: anche se alcune colture da laboratorio vengono tenute vive, nel corso del processo si verifica un massiccio ricambio cellulare ed è dalle **cellule morenti** che vengono ottenuti i "virus". Essi sono comunque morti o inattivi, **poiché non possiedono né metabolismo né vita e non sono altro che molecole di DNA e proteine**.

I virus contengono acido nucleico e proteine, ma mancano di enzimi e non possiedono una vita propria, poiché mancano dei prerequisiti fondamentali della vita, e cioè dei meccanismi di controllo metabolico (che perfino i batteri "inferiori" possiedono).

Il Guyton's Medical Textbook riconosce che i virus non hanno nessun sistema riproduttivo, nessuna capacità di locomozione, nessun metabolismo e non possono essere riprodotti in vitro come entità viventi.

Del resto **nel nostro corpo vi sono più batteri (compresi fermenti e lieviti), virus, funghi, parassiti che cellule umane**. Si dice che il rapporto sia circa 1 a 10.

I nostri amici "germi" ci aiutano in molte attività, come produrre vitamine, enzimi, catalizzatori, aminoacidi, utilizzano il loro DNA e si avvalgono del DNA cellulare o quello mitocondriale per cooperare affinché tutto funzioni correttamente. Non sono da meno i virus che hanno una grande attività di organizzatore, di elettricista, postini ed informatori del sistema.

Le ultime ricerche mostrano ora un sorprendente **ruolo del muco nella difesa delle mucose**: al suo interno albergano non solo batteri, ma anche virus e batteriofagi (virus dei batteri) che, uccidendo specie batteriche o fungine pericolose per l'uomo, metterebbero in atto una potente azione di difesa immunitaria fino ad ora ignorata.

Sono quindi nostri alleati fedeli.

Per quanto il suo aspetto sia decisamente poco attraente, il muco svolge un ruolo fondamentale nella protezione dei tessuti, opponendosi all'ingresso dei patogeni. Come se ciò non bastasse, all'interno

I Virus sono sofisticati nano-veicoli di informazioni vitali...

dello strato gelatinoso del muco trovano dimora i microrganismi che costituiscono il cosiddetto "**miocrobiota**", facendo così del muco una delle zone chiave di interazione tra tessuti umani e flora batterica (compresi miriadi di virus con frammenti genetici). Dal momento della nascita, il nostro organismo instaura una continua interazione con i microrganismi presenti nell'ambiente: alcuni di questi sono patogeni pericolosi, verso i quali il sistema immunitario mette in atto complesse risposte difensive. Altri batteri sono invece benefici e, come i microrganismi della flora batterica, instaurano fin dalle prime settimane di vita un rapporto simbiotico che è fondamentale per il corretto funzionamento di molti tessuti. Secondo lo studio pubblicato da ricercatori della **San Diego State University (SDSU)**, la stessa distinzione potrebbe ora applicarsi ai virus: da sempre visti esclusivamente come portatori di malattie dannose per l'uomo, anche i virus potrebbero avere un insospettabile ruolo benefico. Per cui c'è da chiedersi:

Cosa sono realmente i Virus, che funzione hanno nel mondo della Natura? Sono veramente dei

killer e basta? La Natura ha forse assoldato degli assassini? Se vengono dalla natura ed hanno forme bellissime e perfette, mimando anche la perfezione assoluta dei frattali e della sezione aurea, che risonanza di perfezione ricercheranno e che vero scopo avranno?

Tutte domande a cui la scienza ha il dovere di rispondere al più presto.

Un giorno lessi alcune relazioni del Prof.Dott. **Stefan Lanka** (più sotto troverete la sua fotografia), uno dei più prestigiosi e famosi virologi e biologo molecolare, laureato in scienze naturali e biologia con specializzazione in botanica marina all'Università di Costanza. Egli è nato nel 1963 in Germania e dal 1984 al 1989 ha fatto ricerche in neurobiologia genetica e virologia e dal 1987 al 1994 ha condotto altre approfondite ricerche in biologia molecolare studiando l'origine dei virus e cercando di isolarne alcuni. Lanka è stato il primo, tra l'altro, ad esaminare un curioso virus marino: l'**Ectocarpus Silicosus**. Lanka è stato il primo ad osservare direttamente un sistema stabile di una cellula con un virus "ospite". Ebbene, nelle sue centinaia di osservazioni, racconta lo scienziato in

I Virus sono sofisticati nano-veicoli di informazioni vitali...

una bella intervista che potete trovare in internet, non ha mai visto una sola volta un virus "uccidere o aggredire" qualcuno.

Non ha mai constatato questo ruolo di un virus come tremendo killer.

Ha potuto constatare, invece, che sono fole e stupidaggini certe frasi terroristiche che riportano alcune riviste quando affermano che questo o quel virus **potrebbe uccidere tutti in mezz'ora. Ma non lo fa**. E perché non lo fa? Perché ha altro da fare. Perché sono altre le cose cui si dedica: ovvero il virus si occupa di trasportare "**informazioni**" da una cellula all'altra, **riparare** magari il nostro DNA come un buon elettricista o un operatore informatico. Si occupa, magari, di resettare il sistema e **reinformare il nostro DNA** per aprire la porta alla **epigenetica**; questo evento ci permetterà, come razza umana, di evolvere e di mutare alcuni elementi obsoleti con frammenti puri che io chiamerei "sacri". Questi frammenti genetici ci arrivano, tramite i virus, secondo le leggi della risonanza e dell'entanglement elettronico ed informativo dell'Universo. Ovviamente **questo "innesto" di informazioni** non è scevro da sofferenze, di "**influenze**" cioè **febbri** catartiche e terapeutiche e **purtroppo di decessi** per coloro che non hanno più la possibilità di fare salti evolutivi in questa vita (questa è una mia osservazione). Attenzione e fissate bene nella mente questo concetto: **il virus ci viene donato dalla Natura come essere perfetto e portatore di informazioni vitali, rappresentatelo come una chiave elettromagnetica a codici**. Potete immaginarlo anche come una specie di **badge** bioelettronico che sfrutta il campo elettromagnetico, prodotto dalle cellule, decodificandolo per poter aprire alcune porte di accesso al nucleo cellulare e poter rendersi utile. **Il virus forse fa** il postino o il facchino o **l'elettricista** ed il tecnico riparatore di filamenti del DNA/RNA danneggiato. No fa solo il portatore di materiale genetico inutile e dannoso come un **terrorista con indosso il giubbotto esplosivo**.

Per cui credo che il virus sia più simile ad una chiave elettronica codificata (badge) che ad un essere vivente e misterioso. Mi sa che ce ne vorrà del tempo per fare emergere una Verità condivisa con la Scienza accademica sui perché della esistenza e della funzione di questi **frammenti che, ripeto ancora, mi piace definire Sacri**. Vengono dalla Natura,

I Virus sono sofisticati nano-veicoli di informazioni vitali...

dalla Creazione e sono strutture contenenti bioinformazioni con i sacri codici. Ci mettono in contatto con l'ordine universale, non possono essere che utili **frammenti di coscienza codificata in una particella biologica** che immagazzina e trasporta dentro di se codici ed informazioni. Come tutto ciò che ci dona la Natura, **hanno una loro funzione intelligente e quindi fondamentale per il corretto svolgimento dell'Esistenza terrena e per la nostra Evoluzione**.

Sono inoltre sicuro che il virus riesca ad entrare in contatto con il carattere e la personalità del soggetto contagiato e comunicargli la sua peculiarità e caratteristica. Facciamo un esempio pratico con il **virus della Rabbia** (Rhabdovirus) che si **denatura immediatamente in acqua** (per cui, in un certo senso, teme l'acqua); ebbene negli individui che attraverso un morso di un animale o pipistrello vengono a contatto con questo virus e ne sono infettati crea una naturale e violenta repulsione all'acqua cioè la cosiddetta **Idrofobia**, credo che tutti l'abbiano sentita nominare. Per cui il suo messaggio in codice viene immediatamente passato alla catena di informazioni neurobiologiche umane, che si attivano per disidratare il più possibile il soggetto. **Per questa ragione posso affermare che in questa particella virale vi sono delle informazioni importanti e sottili che riescono a modificare anche la struttura pensante dell'uomo e magari anche le parti più sottili e spirituali.**

Possiamo dare una immagine anche di tipo diverso ed evolutivo: dopo le **malattie virali** (come normalmente vengono classificate) dell'infanzia abbiamo notato che i soggetti, colpiti da questi **malanni naturali**, manifestavano, una volta raggiunta la completa guarigione, una nuova maturità di carattere, una crescita in altezza e una nuova determinazione e sicurezza.

Chi ha avuto figli, nipoti o chi è Pediatra potrà confermarlo. Ma la medicina spesso fa riferimento solo agli episodi febbrili o alle pustole più che al virus che ha portato al soggetto informazioni di "crescita". **Del resto i virus hanno forme e geometrie così armoniche e caratteristiche che si stenta a credere che vengono solo a farci del male. Come potete vedere qui sotto, un virus è simbolo della perfezione e della sacralità, non la percepite?**

I Virus sono sofisticati nano-veicoli di informazioni vitali...

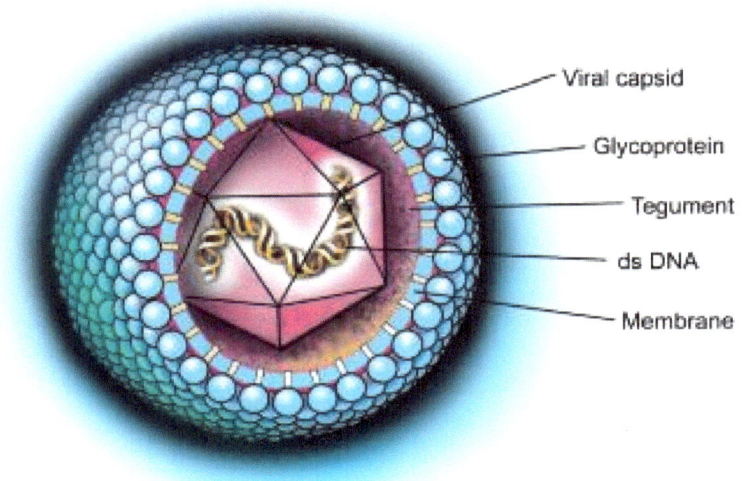

HCMV Human Cytomegalovirus

Qui sotto troverete un **virus batteriofago** (chiamato Virus dei batteri) che inserisce cioè i frammenti di DNA con informazioni in cellule batteriche e spesso il suo compito è quello di distruggerle (lisarle), in accordo con il mantenimento dell'equilibrio del "**microbioma intestinale**"; stipulando così un patto tra cellule umane, batteri, lieviti ecc... La scienza attuale non ha ancora capito completamente il suo scopo: unica cosa che rassicura gli scienziati è che **non "attacca" l'uomo**. Con quello che vi ho raccontato fin qui, ora siete in grado da soli di capirne il significato, senza spaventarvi. Guardate bene come è fatto questo virus Batteriofago, incredibile vero? **Sembra un esserino alieno, costruito da una intelligenza superiore che sa utilizzare elementi geometrici e biologici con una struttura sofisticata e perfetta**. Pensate che sia casuale? Che si sia costruito da solo per combattere i batteri che, se in sovranumero, potrebbero farci ammalare o morire? No di certo.

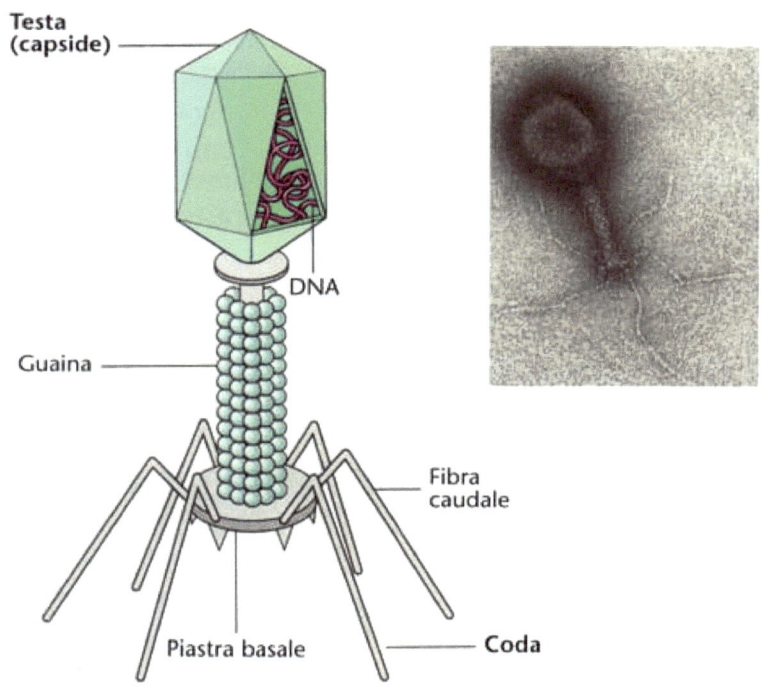

I Virus sono sofisticati nano-veicoli di informazioni vitali...

Il Dott. Curtis Suttle, un virologo ambientale dell'Università della British Columbia, dopo anni di ricerche, ha concluso che **i virus sono "spazzini" dei batteri**.

Questi virus uccidono ogni giorno circa il 20% di tutti i microbi oceanici e circa il 50% di tutti i batteri oceanici. Abbattendo i microbi, i virus assicurano che il plancton che produce ossigeno abbia abbastanza nutrienti per intraprendere alti tassi di fotosintesi grazie alla quale è possibile gran parte della vita sulla Terra. "*Se non abbiamo la morte, allora non abbiamo la vita, perché la vita dipende completamente dal riciclaggio dei materiali*", afferma Suttle. "*I virus sono così importanti in termini di riciclaggio*".

I virus infettano e possono uccidere anche gli insetti. I ricercatori che studiano i parassiti degli insetti hanno anche scoperto che i virus sono fondamentali per il controllo della popolazione delle specie. Se una certa specie si sovrappopola, "un virus verrà fuori e li spazzerà via", afferma Curtis Suttle che ribadisce: "È una parte molto naturale degli ecosistemi". Questo processo, chiamato "**uccidi il vincitore**", è comune anche in molte altre specie, **inclusa la nostra come evidenziato dalle pandemie**. "Quando le popolazioni diventano molto abbondanti (e qui includiamo anche i batteri), i virus tendono a replicarsi molto rapidamente e abbattono quella popolazione, creando spazio per tutto il resto in cui vivere". Per cui ribadisco che **i virus sono sistemi intelligenti di regolazione cellulare e biologica ed è per questo che se i nostri amici virus scomparissero improvvisamente le specie più competitive probabilmente prospererebbero a danno di altri**. *Perderemmo rapidamente molta della biodiversità sul pianeta oltre ad avere poche specie in grado di prendere il controllo e annullare tutto il resto.*

Vi sarebbero ancora tante cose da raccontare su queste creature "non viventi" (nel senso comune del termine) che, spinte da un campo di forze, che li muove nello spazio terrestre, li trasferisce da un continente all'altro con una velocità incredibile (non certo trasportate dal vento), e non casualmente entrano in contatto col mondo a cui devono portare i preziosi messaggi della Natura e dell'universo Creatore.

I Virus sono sofisticati nano-veicoli di informazioni vitali...

Luc Montagnier, Giuseppe Vitiello, Emilio Del Giudice ed Alberto Tedeschi

Stefan Lanka   Jaques Benveniste

I virus e la memoria dell'acqua

Konstantin Kaznacheyev direttore dell'Istituto di Medicina clinica e sperimentale a Novosibirsk (Russia), con colture cellulari gemellari, ha eseguito un esperimento molto significativo, che ci fa scoprire alcune verità sui comportamenti dei virus con risultati sconvolgenti.

L'esperimento prevede l'utilizzo di due colture di cellule in contenitori di vetro separati fra loro da un diaframma di vetro al quarzo, che è permeabile solo alla luce ultravioletta. In una delle due colture viene indotta un virus (EBV o mononucleosi, la febbre del bacio in termini popolari). Osservando l'altra delle due colture al microscopio elettronico si nota che se è stato usato come diaframma un vetro normale impermeabile alle UV, non si riscontra nessuna alterazione. Invece con un diaframma al quarzo si riscontrano "sintomi di infezione" con una riproducibilità dell'80% su oltre 10.000 esperimenti eseguiti.

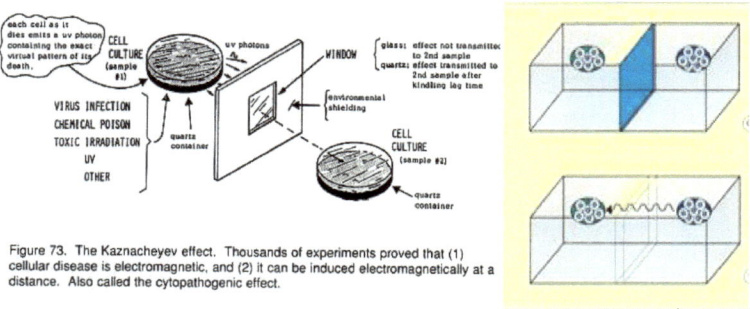

Figure 73. The Kaznacheyev effect. Thousands of experiments proved that (1) cellular disease is electromagnetic, and (2) it can be induced electromagnetically at a distance. Also called the cytopathogenic effect.

Questo vuol dire che c'è stata una "informazione" fra una coltura e l'altra e questa comunicazione è avvenuta sulle "frequenze" della luce ultravioletta.

Ricapitolando meglio: in una delle due colture è stata prodotta una "infezione" virale introducendo nella cellula il virus della mononucleosi EBV. Osservando l'altra delle due colture al microscopio elettronico si nota che, se è stato usato come diaframma di separazione un vetro normale imper-

I virus e la memoria dell'acqua

meabile alle UV, non vi è nessuna alterazione né cambiamento. Se si utilizza, invece, un **diaframma al quarzo** si riscontrano nella seconda provetta di cellule "**sane**" **sintomi di infestazione virale,** con una riproducibilità dell'80% su oltre 10.000 esperimenti eseguiti. Questo vuol dire che transita una specie di informazione fra una coltura e l'altra, veicolata da una frequenza della luce ultravioletta, grazie alla memoria dell'acqua.

Su questo era d'accordo anche il **Premio Nobel Luc Montagner**, da poco tempo purtroppo deceduto, aveva condotto tempo fa un esperimento molto simile che non è stato né pubblicizzato né divulgato come ci si sarebbe aspettato dagli organismi scientifici internazionali. Sottolineo che aveva collaborato con uno dei nostri fisici più geniali, il Prof **Emilio Del Giudice**.

Insieme ad altri ricercatori italiani Emilio aveva dimostrato che la "memoria dell'acqua" non è una favoletta, solitamente usata per deridere scienziati all'avanguardia come, fra gli altri, un altro grande **scienziato francese candidato al premio Nobel**, il Prof. **Jacques Benveniste**. I risultati ottenuti da Montagnier presero le mosse proprio dagli studi di Benveniste che nell'88 scrisse per la rivista "Nature" uno stupendo articolo in cui parlava della **memoria dell'acqua**. Secondo i suoi esperimenti, le molecole d'acqua, legate a sostanze poi diluite fino a renderne pressoché impercettibile la presenza **si comportano in modo "informato"**, come se conservassero in memoria le caratteristiche delle sostanze con cui sono entrate in contatto. Le conclusioni di Benveniste sono, come sempre accade, avversate dalla comunità scientifica più conservatrice, ma in seguito riabilitate da molti scienziati tra i quali, appunti, Luc Montaigner, che non fa mistero del suo "debito" con Benveniste.

Emilio Del Giudice, da grande intuitivo e teorico, ha affrontato nel corso **della** sua straordinaria carriera da ricercatore in Fisica Nucleare, il tema del **ruolo dell'acqua** nella vita secondo i criteri della Fisica e dell'Elettrodinamica quantistica. Egli ha concluso che conoscere bene le proprietà dell'**acqua** è fondamentale: il corpo umano è infatti costituito per oltre il 90% da molecole d'**acqua** (H_2O).

Emilio Del Giudice condivise i risultati dei suoi esperimenti fisici sulle caratteristiche dell'acqua con Luc Montagnier che, ricordiamo ancora, era

I virus e la memoria dell'acqua

un medico, biologo e virologo francese nonché Nobel per la medicina 2008 per la scoperta del virus dell'Hiv insieme alla dottoressa Françoise Barré-Sinoussi e al dottor Robert Gallo.

Lo scienziato francese ha definitivamente dimostrato, oltre ogni dubbio, che è **l'acqua a regolare l'intensità dei segnali elettromagnetici**: ha diluito via via sequenze di Dna batterico inserite in una provetta, constatando che l'aumento dei segnali elettromagnetici è direttamente proporzionale alla diluizione con acqua, elemento in grado di oscillare sulle frequenze stabilite dal Dna, quasi come una ballerina. Montagnier ha aggiunto alla prima fase del suo esperimento un passaggio successivo, da cui risulta che inviando i segnali elettromagnetici a un secondo recipiente riempito di acqua pura distillata arricchita con le sostanze utili alla strutturazione del Dna anche per via telematica a centinaia di chilometri di distanza - dopo circa 20 ore si ottiene lo stesso tipo di Dna da cui il segnale è stato estratto in origine. Vedrete qui sotto una sintesi esemplificativa dell'esperimento di Montagnier molto simile a quello del Dott. **Konstantin Kaznacheyev di Novosibirsk** che abbiamo trattato più sopra.

"Ciò che abbiamo trovato, specificò Montagnier alla rivista Science, è che **il DNA produce dei cambiamenti strutturali nell'acqua, che persistono durante delle diluizioni elevate emettendo dei segnali di risonanza elettromagnetica che è possibile rivelare**. Non qualunque tipo di DNA produce sistematicamente dei segnali elettromagnetici rilevabili per mezzo del nostro dispositivo. I segnali ad alta intensità, provengono però dal DNA virale".

Il DNA virale e batterico **emette cioè segnali elettromagnetici nell'acqua** (anche nella nostra acqua interna visto che siamo costituiti all'80% di acqua n.d.a.).

I segnali elettromagnetici emessi dal DNA possono essere tranquillamente rilevati, registrati come file e **inviati a centinaia di Km di distanza**, nello stesso modo in cui abitualmente trasmettiamo a distanza la voce tramite il telefono o la musica mediante la radio.

Lo straordinario esperimento, effettuato da Montagnier e la sua equipe, consiste nell'introdurre qualche frammento di DNA virale in una provetta e, in un'altra provetta, alcune molecole delle materie prime di cui è composto il DNA immerse in

I virus e la memoria dell'acqua

acqua pura. Una bobina, in lega metallica, registra le onde magnetiche emesse dal DNA contenuto nella prima provetta e le invia alla seconda.

Dopo 16-18 ore, nella seconda provetta compare una sequenza di DNA identica a quella contenuta nella prima provetta. La medesima molecola di DNA si è autonomamente ricostruita.

Schema del sistema messo a punto che permette la trasmissione dei segnali elettromagnetici emessi dal DNA all'acqua pura. Rif. Bibliografici: Montagnier L., Aissa J., Del Giudice E., Lavallee C., Tedeschi A., Vitiello G. "DNA waves and water", Réf : arXiv : 1012.5166v1 [q-bio.OT] 23 Déc.2010.

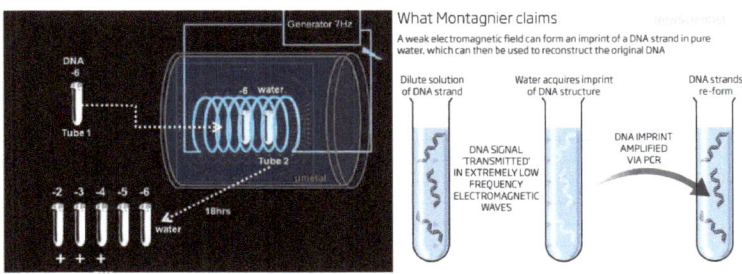

Queste scoperte hanno dimostrato che il **DNA sarebbe capace di trasferire le proprie informazioni ad un altro organismo**, per mezzo del "rumore elettromagnetico" che pervade l'ambiente, ossia per mezzo di un "suono" a bassa frequenza o onde elettromagnetiche, grazie alle complesse configurazioni assunte dalle **nanostrutture** dell'acqua che assurgono la funzione di calco che riproduce l'impronta dell'informazione irradiata.

Il DNA (anche quello virale) ha dunque la capacità di autoriprodursi a distanza, di tele-trasportarsi.

Questo avviene però specialmente se nell'ambiente c'è un "rumore elettromagnetico" cioè onde elettromagnetiche (anche la luce, ultravioletta compresa) e non in un ambiente totalmente schermato. Se infatti le provette vengono chiuse all'interno di in una stanza **schermata** da Campi Elettro Magnetici, dalla luce, da rumori, vibrazioni o suono di fondo, non accade nulla.

Questo esperimento contribuisce a dimostrare come anche il suono cioè le oscillazioni della materia sia uno dei veicoli dell'informazione.

Oggi siamo letteralmente circondati da onde elettromagnetiche create dall'uomo, di conseguenza **il medesimo codice-DNA potrebbe potenzialmente esistere contemporaneamente in più parti del globo ed anche in molte altre parti dell'universo.** Un messaggio che è destinato a fare un lungo percorso, deve essere in grado di entrare nel tessuto psicosomatico e anche spirituale di un individuo, di una famiglia o di una società o regione del mondo, per **risonanza**.

Una risonanza tra il DNA dell'individuo e dell'ospite, DNA o RNA che viene "ricreato" nell'interno delle cellule sane come abbiamo visto negli esperimenti di **Konstantin Kaznacheyev e di Montagnier**, utilizzando una trasmissione "eterica" sofisticata.

Le ricerche sono rallentate e non facili in questo campo di trasmissione di segnali in quanto lo studio delle Nanoparticelle è fondamentale per procedere (con scientificità assoluta come stanno imponendo una parte della società medica ortodossa).

Le Nanoparticelle

Con il termine nanoparticella si identificano normalmente delle particelle formate da aggregati atomici o molecolari con un diametro compreso indicativamente fra **1 e 100 nm**. Per dare un'idea dell'ordine di grandezza, le **celle elementari dei cristalli** hanno lunghezze dell'ordine di **1 (un) na-**

nometro; la doppia elica del DNA ha un diametro di circa 2 nm. La comunità scientifica non ha ancora determinato una misura univoca e certa essendo queste realtà così evanescenti e variabili nell'immensa piccolezza del microcosmo; possono, infatti, essere definite e utilizzate misure diverse a seconda se l'approccio parte da un punto di vista chimico, fisico, o della biologia molecolare o anatomia patologica fino alle misurazioni delle celle dei **cristalli che io amo chiamare viventi** di una esistenza misteriosa e propria ma viventi nel senso che possono comunicare, esattamente come i virus e viroidi. La dimensione minima è quella della molecola oggetto di studio o valutazione.

Il termine è utilizzato correntemente per indicare **nano-aggregati**, cioè aggregati molecolari o atomici, con interessanti proprietà chimico-fisiche, che possono essere anche prodotti e utilizzati nelle cosiddette **nanotecnologie**. A volte questo termine è utilizzato per indicare particolato ultrafine (in particolare le singole particelle discrete componenti le nanopolveri).

Le Nanosfere o Nanocapsule cosa sono? In campo farmaceutico, sono sistemi a matrice polimerica impiegati per la veicolazione di principi attivi particolarmente citotossici o con rilevanti problemi farmacocinetici. Attualmente alcune formulazioni sono in fase II di sperimentazione, utilizzando anche pseudo vaccini somministrati alla popolazione mondiale in modalità sperimentale. Del resto queste ricerche decolleranno in pochi anni e si avranno dei dati scientifici certi e comprovati con buona pace degli ortodossi e talebani della scienza esatta prima di tutto e nonostante tutto.

Ricordate che infine che i **nano-carrier** che sentite nominare molto spesso, da qui in avanti, sono **nanosfere** utilizzate per un trasporto più efficace e veloce di farmaci sintetici e vaccini ingegnerizzati all'interno del corpo.

Ma la domanda è sempre quella da secoli: "cui prodest" cioè a chi giovano tutte queste ricerche? Con la scusa di "curare" la popolazione fanno esperimenti ed esercizi pericolosi senza "rete". Ottenendo guadagni enormi e le tante sofferenze esisteranno sempre, anzi presumo che peggioreranno nel tempo, con il nostro distacco, oramai enunciato e codificato da **Madre Natura**.

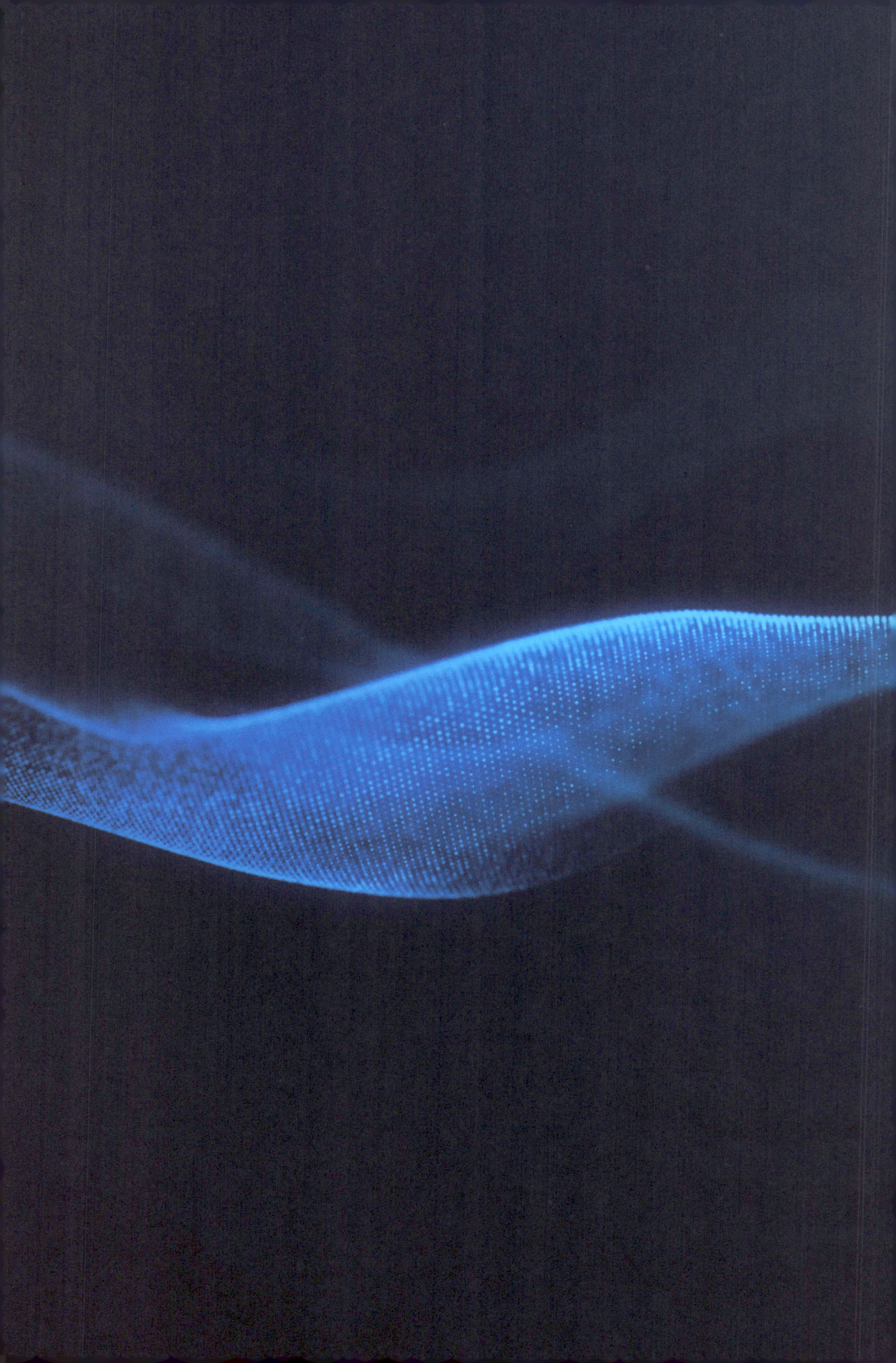

Il Mondo sottile della Risonanza

La comunicazione non verbale e frequenziale, in codici sottili, non avviene affatto nel mondo del visibile di **Isacco Newton** ma nel mondo subatomico di **Werner Heinsenberg**. Le cellule attraverso la spirale a doppia elica del **Dna** (che ricorda un'antenna ricetrasmittente) comunicano attraverso **frequenze di risonanza**. Alcune parti del nostro cervello percepiscono e registra il mondo sotto forma di Campi Elettromagnetici pulsanti. L'Universo ha una sua natura capace di registrare tutto ciò che accade e mette simultaneamente in contatto, tra loro, tutto ciò che esiste.

Le persone sono assolutamente inseparabili dal loro ambiente. La coscienza vivente non è una entità isolata e isolabile. La coscienza degli esseri viventi ha poteri incredibili che permettono di trasformare il mondo esterno in ciò che desiderano dentro di loro. Per comprendere la nostra energia, bisogna partire dalla scoperta della presenza della **risonanza quantica** negli esseri viventi.

La comprensione di queste interessanti intuizioni sulla coscienza umana ha come partenza la teoria della **olografia quantica**. Negli USA, lavorando su un'intelligenza artificiale, basata sulle teorie del funzionamento del cervello, di **Karl Pribram e Walter Schempp** è stato brevettato un sistema chiamato **Holographic Neural Technology (HNeT)**. Questa tecnologia che ha utilizzato i principi della olografia e della codifica in forma d'onda, ha permesso loro di apprendere decine di migliaia di ricordi di stimoli e reazioni in meno di un minuto e di rispondere a decine di migliaia di questi schemi comportamentali in meno di un secondo. In pratica questo sistema è una sorta di replica artificiale del funzionamento del cervello.

Il Mondo sottile della Risonanza

Un solo neurone con alcune sinapsi è stato in grado istantaneamente di immagazzinare ricordi. Milioni di questi ricordi possono essere sovrapposti. Il modello ha dimostrato che queste cellule possono memorizzare idee astratte come per esempio un concetto o un viso umano. Ogni genere di comunicazione nell'universo avviene a una frequenza pulsata, a scambiare informazioni.

Si è visto come tutte le cellule sono in grado di dialogare, cioè captare, copiare, trasferire e scambiare tra loro segnali elettromagnetici. Il candidato francese al Nobel **Jacques Benveniste** sapeva che la sua scoperta avrebbe aperto la strada ad una biologia e medicina digitali completamente nuove e che avrebbero sostituito l'attuale metodo di assunzione dei farmaci. Se infatti non è necessario assumere la molecola in sé, essendo sufficiente il suo segnale, non è necessario assumere farmaci né eseguire analisi o esami con l'uso dei soliti prelievi di campioni fisici per individuare **sostanze tossiche o patogeni** come **i virus, i parassiti ed i batteri**.

Sarà possibile cioè, come ha dimostrato chiaramente Jacques Benveniste, impiegare un **rilevatore di frequenze** per individuare virus, batteri, parassiti e altro che infestano il corpo; inoltre, registrando "digitalmente" il segnale e la frequenza che emettono, non sarà più necessario assumere farmaci e rimedi vari ma potremo liberarci dei parassiti, virus e germi indesiderati esponendoli a una frequenza uguale e contraria distruttiva, che li eliminerebbe in poco tempo.

Trovando la frequenza corretta si potranno quindi eliminare i patogeni con adeguati **segnali elettromagnetici.** Anche la Dott.ssa **Hulda Clark negli USA** ha impostato le sue ricerche su queste basi scientifiche inventando il famoso dispositivo "Zapper".

Il suo decesso ed il boicottaggio della scienza ufficiale, sempre a caccia delle streghe, ha impedito lo sviluppo della sua invenzione nel campo medico ed ospedaliero.

Ma la scienza ufficiale ed ortodossa non gradisce tutte le novità che possano essere anche potenzialmente in grado di stravolgere le credenze ed i dogmi sedimentati in anni e anni di ortodossia medica o scientifica. Per questo alcune ricerche sono sempre difficili, se non impossibili, ad essere riconosciute ed utilizzate in breve tempo.

Il Mondo sottile della Risonanza

Del resto la scienza "funziona" così, è una pura questione di ostilità al nuovo, a ciò che è fuori dal comune ed invisibile, avveniristico o anche solo tremendamente semplice ed a costo zero. Le idee nuove sono considerate sempre eretiche, ma certe dimostrazioni e studi sui Campi Elettromagnetici e le Leggi di Risonanza (vedi le applicazioni mediche e strumentali come la Risonanza Magnetica) hanno già cambiato il mondo. Per sempre.

Sembrerebbe troppo pericoloso, quindi, per alcune dirigenze ed apparati della ricerca sanitaria ortodossa affermare ed approvare la validità e la scientificità degli esperimenti di L. Montagnier, K. Kaznacheyev, Jacques Benveniste, Emilio Del Giudice, Giuseppe Vitiello, Alberto Tedeschi, Massimo Citro e molti altri ancora, come il sottoscritto, senza incorrere nel discredito della Scienza Accademica Mondiale. Scienza e scienziati che amano sempre i dogmi e adorano rimanere nella loro posizione di ortodossia ed integralismo cieco e poco propenso ad accettare nuove teorie e una nuova visione della Realtà insieme al suo affascinante Microcosmo.

Chi ha orecchie per intendere, intenda; per cui buoni pensieri sempre e non smettete mai di essere ricercatori della Verità, rispettate il Sacro, accettando ogni messaggio ed ogni segnale sottile che vi giunge dalla Natura e dal Creatore.

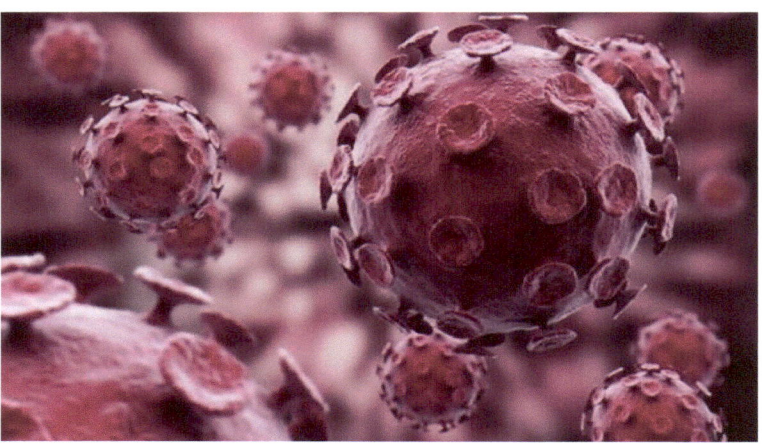

Sopra un **Coronavirus immaginato da un artista;** vedi sotto le vere **foto al microscopio elettronico.**

Coronavirus

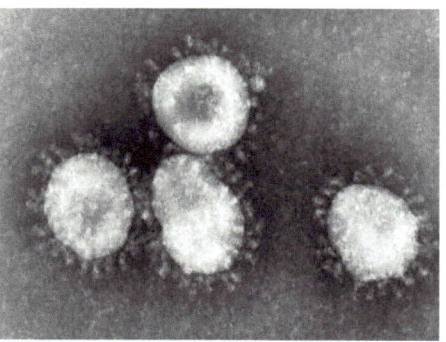

- Virus del diametro di 80-160 nm, con genoma a singolo filamento di RNA a polarità positiva.
- Agenti eziologici della S.A.R.S. o Severe Acute Respiratory Syndrome, grave malattia respiratoria acuta, con un tasso di mortalità che ha sfiorato il 97%.
- Identificato per la prima volta dal medico italiano Carlo Urbani, deceduto a causa della stessa S.A.R.S., a causa della sua attività nell'associazione di Medici Senza Frontiere.

Il Mondo sottile della Risonanza

A proposito dei messaggi sottili, inclusi nel codice genetico del **Coronavirus** e del vero significato che dovremmo ricevere da lui, vi devo confidare che è passato tra noi per portarci alcune informazioni particolari ed in modo inusuale: tremendo e distruttivo. Riceveremo tutto ciò che risuona con i suoi codici, dandoci la possibilità di evolvere e cambiare anche tramite la sofferenza ed il sacrificio doloroso. Il messaggio simbolico da comprendere è, fra gli altri, il nostro obbligo ad **inchinarci alla Natura, dopo averla ripetutamente inquinata, violata, umiliata ed aver rinnegato le sue regole.**

Bisogna subito restituirle la "Corona" di Regina che le spetta ed aprendo a lei ed a tutta l'umanità il nostro "Cuore". Basta esperimenti genetici, esperimenti per guerre batteriologiche, basta inquinamento dell'aria e dell'acqua, basta esperimenti nucleari, basta devastare le foreste, basta disumanità, traffici di donne e uomini e di organi umani, torniamo al Sacro ed alla natura, prima che il mondo come lo conosciamo scompaia per sempre.

Non casualmente la **Kabbalah** ci svela per quest'anno: Anno **20 20 anno del "CUORE" e della "CORONA"**.

Vi farà piacerà sapere che a livello energetico la **Kaf** è associata al **Cuore** (è la lettera centrale tra le sette doppie del Libro della Formazione), e anche alla **Corona** (è la stessa iniziale di **Keter**). Da sempre uno dei traguardi più desiderabili della nostra evoluzione spirituale è elevare il cuore fino alla cima della testa, e viceversa, di far scendere le squisite percezioni di trascendenza dal centro della corona fino al centro del cuore. È l'anno giusto per avanzare in questo progetto. **Le due Kaf ed i due 20, sono una incollata all'altra.**

Kaf Kaf
20   20

Della medesima collana
"SCIENZA LIBERA"

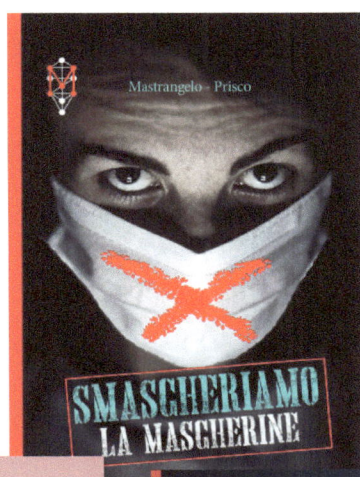
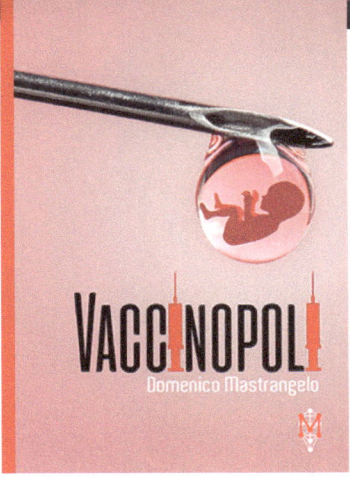

http://kabbaland.com/libri.html

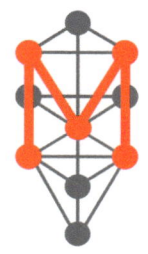

http://www.kabbaland.com

www.ingramcontent.com/pod-product-compliance
Lightning Source LLC
Chambersburg PA
CBHW040317220526
45473CB00009B/2466